> Smart Engineering

Interdisziplinäre Produktentstehung

Reiner Anderl/Martin Eigner/
Ulrich Sendler/Rainer Stark (Hrsg.)

acatech DISKUSSION
April 2012

Herausgeber:

Prof. Dr.-Ing. Reiner Anderl
Technische Universität Darmstadt

Ulrich Sendler
sendler\circle München

Prof. Dr.-Ing. Martin Eigner
Technische Universität Kaiserslautern

Prof. Dr.-Ing. Rainer Stark
Technische Universität Berlin

Reihenherausgeber:
acatech – Deutsche Akademie der Technikwissenschaften, 2012

Geschäftsstelle	Hauptstadtbüro	Brüssel-Büro
Residenz München	Unter den Linden 14	Rue du Commercial/
Hofgartenstraße 2	10117 Berlin	Handelsstraat 31
80539 München		1000 Brüssel
T +49(0)89/5203090	T +49(0)30/206309610	T +32(0)25046060
F +49(0)89/5203099	F +49(0)30/206309611	F +32(0)25046069

E-Mail: info@acatech.de
Internet: www.acatech.de

Empfohlene Zitierweise:
Anderl, Reiner/Eigner, Martin/Sendler, Ulrich/Stark, Rainer (Hrsg.): *Smart Engineering. Interdisziplinäre Produktentstehung* (acatech DISKUSSION), Heidelberg u. a.: Springer Verlag 2012.

ISSN: 2192-6182

ISBN 978-3-642-29371-9   ISBN 978-3-642-29372-6 (eBook)

DOI 10.1007/978-3-642-29372-6

Bibliografische Information der Deutschen Nationalbibliothek
Die Deutsche Nationalbibliothek verzeichnet diese Publikation in der Deutschen Nationalbibliografie; detaillierte bibliografische Daten sind im Internet unter http://dnb.d-nb.de abrufbar.

Springer Vieweg
© Springer-Verlag Berlin Heidelberg 2012
Das Werk einschließlich aller seiner Teile ist urheberrechtlich geschützt. Jede Verwertung, die nicht ausdrücklich vom Urheberrechtsgesetz zugelassen ist, bedarf der vorherigen Zustimmung des Verlags. Das gilt insbesondere für Vervielfältigungen, Bearbeitungen, Übersetzungen, Mikroverfilmungen und die Einspeicherung und Verarbeitung in elektronischen Systemen.
Die Wiedergabe von Gebrauchsnamen, Handelsnamen, Warenbezeichnungen usw. in diesem Werk berechtigt auch ohne besondere Kennzeichnung nicht zu der Annahme, dass solche Namen im Sinne der Warenzeichen- und Markenschutz-Gesetzgebung als frei zu betrachten wären und daher von jedermann benutzt werden dürften.

Koordination: Dr. Julia Sophie Wörsdorfer
Lektorat: Ralf Sonnenberg
Layout-Konzeption: acatech
Konvertierung und Satz: Fraunhofer-Institut für Intelligente Analyse- und Informationssysteme IAIS, Sankt Augustin

Gedruckt auf säurefreiem Papier

Springer Vieweg ist eine Marke von Springer DE. Springer DE ist Teil der Fachverlagsgruppe
Springer Science+Business Media
www.springer-vieweg.de

> INHALT

> EINFÜHRUNG 5
Reiner Anderl

> INTERDISZIPLINÄRE PRODUKTENTSTEHUNG 7
Martin Eigner/Reiner Anderl/Rainer Stark

> VON DER FACHDISZIPLINORIENTIERTEN PRODUKTENTWICKLUNG ZUR
VORAUSSCHAUENDEN UND SYSTEMORIENTIERTEN
PRODUKTENTSTEHUNG 17
Albert Albers/Jürgen Gausemeier

> INNOVATION DURCH INTERDISZIPLINARITÄT:
BEISPIELE AUS DER INDUSTRIELLEN AUTOMATISIERUNG 31
Josef Binder/Peter Post

> PODIUMSDISKUSSION DES WORKSHOPS SMART ENGINEERING:
WIRTSCHAFT UND WISSENSCHAFT EINIG 45
Ulrich Sendler

> AUSBLICK 49

> ÜBER DIE AUTOREN UND HERAUSGEBER 51

> EINFÜHRUNG

REINER ANDERL

Die Produktentwicklung durchläuft seit den letzten zwei Dekaden einen massiven Wandel, der auch heute weiter anhält. Einflussgrößen auf diesen Wandel sind die zunehmende Integration der Informations- und Kommunikationstechnologie sowohl in den Entwicklungsprozess als auch in die Produkte selbst, die Verringerung der Entwicklungstiefe bei gleichzeitiger Zunahme der Kooperation zwischen Hersteller und Zulieferanten sowie die voranschreitende und zunehmende Internationalisierung.

Gerade die zunehmende Integration von Informations- und Kommunikationstechnologie in den Produktentwicklungsprozess und in Produkte selbst bewirkt einen Paradigmenwechsel, der den Wandel von einer an Disziplinen orientierten Vorgehensweise hin zu einer interdisziplinären, durch rechnerintegrierte Methoden getragenen und auf digitalen Modellen basierenden Vorgehensweise beinhaltet. Der Begriff „Smart Engineering" steht für interdisziplinäres, vernetztes, intelligentes, kluges Vorgehen in der Produktentwicklung, um attraktive Innovationen erfolgreich in zukünftigen intelligenten, vernetzten Produkten zu ermöglichen.

Der acatech-Workshop „Smart Engineering" fand am 4. März 2011 bei der Firma BMW AG in München mit etwa fünfzig Teilnehmern aus Industrie, Wirtschaft und Wissenschaft statt. Im Rahmen von Impulsvorträgen wurden elf Thesen vorgestellt, die – nach Meinungsbildern aus Industrie und Wissenschaft unterschieden – bewertet und priorisiert wurden. Die Auswertung ergab ein fast einheitliches Meinungsbild mit den Schwerpunkten auf interdisziplinären Produktentwicklungsmethoden und neuen Aus- und Weiterbildungskonzepten.

> INTERDISZIPLINÄRE PRODUKTENTSTEHUNG

MARTIN EIGNER/REINER ANDERL/RAINER STARK

Für den wirtschaftlichen Erfolg ihrer innovativen, intelligenten Produkte und Geschäftsmodelle müssen deutsche Unternehmen aufrüsten: Es fehlt interdisziplinär geschultes Führungspersonal, und es fehlen interdisziplinär denkende Fachkräfte. Ebenso mangelt es an einer Methodik zur fachgebietsübergreifenden Entwicklung intelligenter, softwarebasierter Systeme sowie an IT-Werkzeugen zur interdisziplinären Abstimmung und Synchronisation der verschiedenen Fachdisziplinen („Entwicklungsmethodik 2.0"). Diese Defizite können weder die Industrie, noch die Wissenschaft, noch die Politik allein überwinden. Die Forschungsinitiative für interdisziplinäre Produktentstehung, Smart Engineering, soll eine konzertierte Aktion von Wirtschaft, Wissenschaft und Politik zur Festlegung eines Zukunftsplans für die nachhaltige Ausgestaltung der Kompetenz in Produktentstehung „Made in Germany" werden. Die Initiative hat zum Ziel, die Voraussetzungen für eine auch künftig erfolgreiche Entwicklung innovativer, intelligenter Produkte am Standort Deutschland zu schaffen und Produktentstehung hierfür zu einer Schlüsseltechnologie zu machen. Es sollen konkrete Impulse zur Stärkung der Innovationskraft in Zukunftsbranchen wie dem Maschinenbau, der Automobilindustrie und der Medizintechnik gegeben werden. Denn nur mit Innovation und Intelligenz in unseren Produkten werden wir unsere führende Position auf dem Weltmarkt behaupten und ausbauen können. Der Lösungsraum für Smart Engineering ist in Abbildung 1 dargestellt.

1 HANDLUNGSFELDER UND THEMENSCHWERPUNKTE

Der Standort Deutschland in seiner regionalen, europäischen und globalen Vernetzung lebt von der Kreation innovativer Erzeugnisse und damit verbundener Wertschöpfung. Dies gilt insbesondere für den Maschinenbau und den damit verwandten Branchen wie der Automobilindustrie, der Elektronikindustrie und der Medizintechnik. Intelligente Produkte und die zugehörigen Dienstleistungen mit ihren wachsenden Informatik- und Elektronikanteilen sind die Treiber des Erfolgs der Kernsparten der deutschen Industrie. Dies belegt auch die neue Veröffentlichung des VDMA 2011 „Maschinenbau in Zahl und Bild" (nach ZIW Zukunftspanel 2010, VDMA)[1], derzufolge Prozessverbesserungen und neue Produkte die wichtigsten Einzelmaßnahmen zur Krisenvermeidung im Maschinenbau sind. Die daraus resultierende Wettbewerbsfähigkeit muss ausgebaut werden, denn sonst ist der wirtschaftliche Erfolg in Gefahr.

---

[1] VDMA 2011.

Abbildung 1: Lösungsraum Smart Engineering

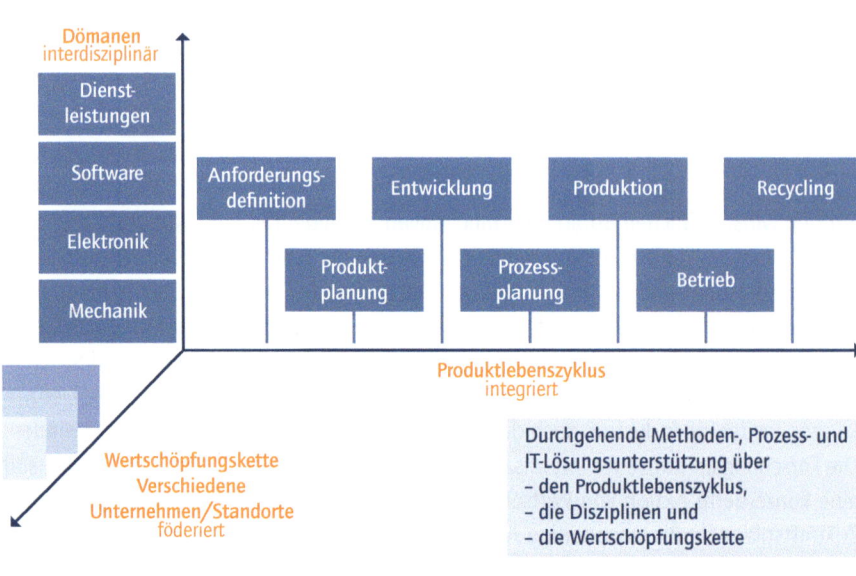

Quelle: Eigene Darstellung.

Die Anforderungen an heutige und zukünftige Produktentstehung steigen zunehmend. Hierfür gibt es vielfältige Einflussfaktoren wie zum Beispiel das Beziehungsgeflecht zwischen Herstellern, ihren Lieferanten und Kunden, die zunehmende Globalisierung, Time-to-Market, Produkthaftung, aber auch immer wieder neue Produktinnovationen sowie eine steigende Komplexität von Produkten und Prozessen. Komplexitätstreiber sind beispielsweise Funktionserweiterungen an Produkten, Varianten, Systemintegrationen, globale und föderierte Prozesse und Ressourcen, Supply Chains etc.

Die Beherrschung des Produktentstehungsprozesses ist die Voraussetzung für den Erfolg der Unternehmen. Vor dem Hintergrund von Langzeittrends wie dem demografischen Wandel, der Rohstoff- und Energieverknappung und der Globalisierung ist ein Überdenken traditioneller Methoden, Werkzeuge und Organisationsformen erforderlich.

Der Vorsprung des deutschen Ingenieurwesen gegenüber anderen Regionen wird geringer. Insbesondere zeigen sich folgende Phänomene und Handlungsfelder:

- Aufstrebende Wirtschaftsnationen wie China, Korea, Indien und Brasilien gewinnen durch schnelle Adaption deutscher Entwicklungspraktiken zunehmend an Boden.

- Rohstoff- und Energieressourcen sind limitiert. Eine Folge ist die Verknappung von Rohstoffen, die sich wieder durch steigende Rohstoffpreise ausdrückt. Alternative Rohstoffe müssen gefunden und für ihre ingenieurwissenschaftliche Nutzung erforscht werden. Die Verfügbarkeit von Energie ist eine der herausragenden Aufgabenstellungen unserer Zeit und erfordert gerade in der interdisziplinären, modellbasierten Produktentstehung neue Wege. Diese liegen in der Entwicklung energiesparender und umweltverträglicher Produkte und Produktionsprozesse.
- Deutschland versucht zu einseitig, die bisherigen Stärken der produktionstechnischen Kompetenz auszubauen und unterschätzt die tiefgehende Umstellung der Wertschöpfung durch digital geprägtes Entwicklungsvorgehen sowie neue intelligente Produkte und Dienstleistungen. So wie die Objektorientierung die professionelle Erstellung von Software revolutioniert hat, so lässt sich dieser Gedanke auch auf reale Produkte anwenden. Die Trennung zwischen Logik (Prozess-, Steuer-, Berichtslogik) und Produkt wird aufgehoben und es entstehen Smart Products mit hoher eingebetteter Intelligenz und erweiterten integrierten Speicher- und Kommunikationsfähigkeiten, die eine aktive Rolle übernehmen (siehe Internet der Dinge).
- Die demografische Entwicklung Deutschlands verläuft im Vergleich zu den aufstrebenden Wirtschaftsmächten in Asien und Südamerika ungünstig. Der Zufluss von neuem, digital geprägtem Entwicklungswissen kann nicht durch normales „Nachrücken" junger Absolventen der Ingenieurwissenschaften geleistet werden. Hierzu sind neue, ganzheitliche Aus- und Weiterbildungsmaßnahmen zu konzipieren und umzusetzen.
- Es fehlt an einer Methodik für die disziplin- bzw. fachübergreifende Entwicklung softwarebasierter Systeme und damit auch innovativer, intelligenter und vernetzter Produkte. Darüber hinaus mangelt es an IT-Werkzeugen zur interdisziplinären Abstimmung und Synchronisation der verschiedenen Fachdisziplinen. Die heute etablierten IT-Werkzeuge und insbesondere auch die heute gängigen Standardsysteme sind auf die Anforderungen einzelner Fachdisziplinen ausgerichtet.
- Heute genutzte PLM- und ERP-Konzepte sind für die Umsetzung der Anforderungen des Smart Engineering nur bedingt geeignet, da diese noch nicht das volle Potenzial der serviceorientierten Architektur und der semantisch geprägten Repräsentationsformen der Web 2.0- und 3.0-Technologien nutzen. Die bisher genutzten Datenmodelle sind zu starr ausgelegt und die Trennung in monolithische Systeme für Entwicklung (PLM), Logistik und Produktion (ERP), Kunden- und Zuliefererintegration (CRM, SCM) sind nicht mehr zeitgemäß. Sie

- erlauben nicht mehr, die Anforderungen des komplexen Konfigurationsmanagements der Produkte selbst, ihrer Wechselwirkung untereinander sowie ihres Zusammenspiels mit zunehmend vernetzten und intelligent auszulegenden Produkten, Produktions- und Infrastruktursystemen (Smart Engineering, Smart Factory, Cyber Physical Systems etc.) umzusetzen. Flexible branchenorientierte Apps für die jeweiligen Anwendungen des Produktlebenszyklus auf der Basis eines serviceorientierten, integrierten und föderierten Produkt- und Prozess-Backbones ergeben einerseits innovative und skalierbare IT-Lösungen für die produzierenden Unternehmen als auch gänzlich neue Geschäftsmodelle für die IT-Industrie.
- Damit Produkte „Made in Germany" ihren Weltruf behalten, ist es erforderlich, die Produkt- und Produktionssystementwicklung stärker zu integrieren. Die modellbasierte Entwicklung von beidem, Produkt und Produktionssystem inklusive deren integrierten Steuerungs- und Regelungssystemen ist ein wesentlicher Bestandteil des Smart Engineering. Interdisziplinäre Ausbildungsgänge sind deshalb ebenso eine Voraussetzung wie Maßstäbe für eine integrale Bewertung multidisziplinärer Produkte. Für den wirtschaftlichen Erfolg ihrer innovativen Produkte und Geschäftsmodelle müssen deutsche Unternehmen daher aufrüsten: Es fehlen interdisziplinär geschulte Fach- und Führungskräfte. Insbesondere bei der Fortentwicklung von Lehre und Studium müssen Industrie, Wissenschaft und Politik somit gemeinsam vorgehen.

Die Bewältigung dieser Herausforderungen erfordert ein konzertiertes Vorgehen aller Akteure aus Wirtschaft, Wissenschaft, Hochschulen und Politik in einer Forschungsinitiative für interdisziplinäre Produktentstehung – Smart Engineering. Produktentstehung ist bei den Bedarfsfeldern und Schlüsseltechnologien innerhalb der aktuellen Hightech-Strategie 2020 der Bundesregierung nicht thematisiert!

Hauptziel dieser Initiative muss es also sein, Smart Engineering im Sinne einer interdisziplinären, intelligenten Produktentstehung zu einer Schlüsseltechnologie zu machen und alle notwendigen Voraussetzungen für eine auch künftig erfolgreiche Entwicklung innovativer Produkte am Standort Deutschland zu schaffen, damit sich Produkte, Produktion und Industrie „Made in Germany" auf dem Weltmarkt weiter behaupten. Im Einzelnen verfolgt Smart Engineering hierbei die folgenden Themenschwerpunkte:

- **Wertschöpfung durch digital geprägtes Entwicklungsvorgehen.**
  Deutschland hat zu einseitig versucht, die bisherigen Stärken der produktionstechnischen Kompetenz auszubauen und die massive Umstellung der Wertschöpfung durch digital geprägtes Entwicklungsvorgehen unterschätzt.

- **Innovationsmanagement, Produktplanung, Produktentwicklung, Produktionsplanung und -steuerung integrieren.**
  Die Brüche zwischen Innovationsmanagement, Produktplanung, Produktentwicklung sowie Produktionsplanung und -steuerung sind bemerkbar. Die hier fehlende Durchgängigkeit behindert die schnelle Umsetzung innovativer Produktideen in den Markt.
- **Neues, digital geprägtes Entwicklungswissen durch neue, ganzheitliche Aus- und Weiterbildungsmaßnahmen.**
  Interdisziplinär geschultes und denkendes Führungspersonal und Fachkräfte können Brücken zwischen den verschiedenen Ingenieurfachbereichen bilden.
- **Neue Methoden und IT-Werkzeuge für die disziplinübergreifende Entwicklung innovativer, intelligenter und vernetzter Produkte.**
  Ein Überdenken von heutigen Methoden, Prozessen, Werkzeugen und Organisationsformen ist nötig. Insbesondere fehlt es an Unterstützung durch geeignete IT-Werkzeuge für die Auslegung von Systemarchitekturen. Für die disziplinübergreifende Systemmodellierung der Konzeptphase gibt es nur eingeschränkte IT-Unterstützung (Abbildung 2). Die Multidisziplinarität der Produkte verlangt

Abbildung 2: Die Multidisziplinarität der Produkte verlangt neue Konstruktionsmethoden

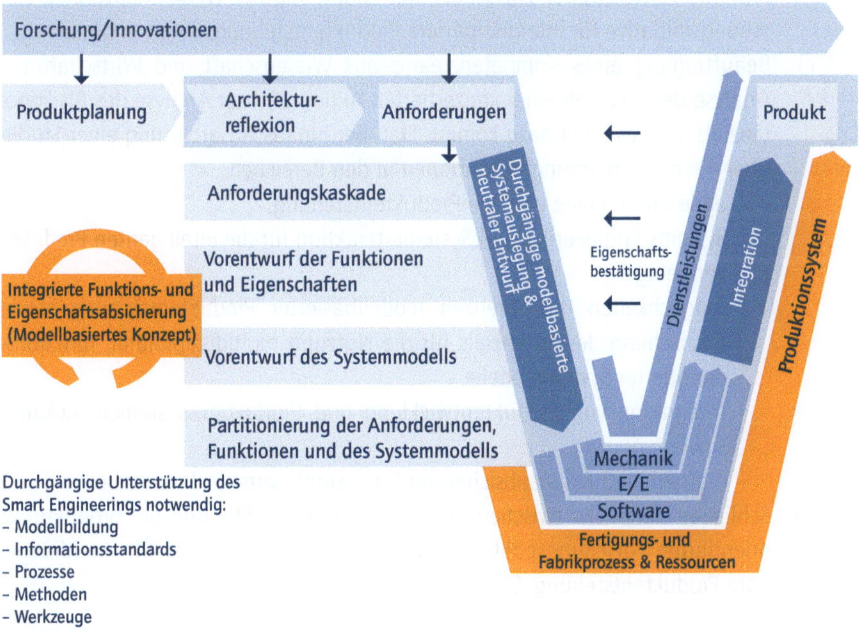

Durchgängige Unterstützung des Smart Engineerings notwendig:
- Modellbildung
- Informationsstandards
- Prozesse
- Methoden
- Werkzeuge

Quelle: Eigene Darstellung.

neue Konstruktionsmethoden. Funktionen sollten gegenüber Mechanik und Geometrie in den Vordergrund rücken. Systems Engineering könnte sich als integrative Methode etablieren und eine Brücke zwischen den verschiedenen Ingenieurwelten bilden.

Nur mit Innovation und Intelligenz in seinen Produkten wird der Standort Deutschland seine führende Position auf dem Weltmarkt behaupten und ausbauen können! acatech – Deutsche Akademie der Technikwissenschaften schafft für den Austausch innerhalb der Forschungsinitiative Smart Engineering eine ideale Plattform.

2 ZIELSETZUNGEN DES WORKSHOPS SMART ENGINEERING

Der am 4. März durchgeführte acatech-Workshop Smart Engineering soll dem Thema interdisziplinäre Produktentstehung die nötige Aufmerksamkeit auf Managementebene, in der Gesellschaft und in der Politik verschaffen sowie den Stellenwert des Themas erhöhen. Hierbei werden die folgenden Zielsetzungen verfolgt:

a) Darstellung der Brisanz der Situation durch Vermittlung von Zahlen, Fakten und Beobachtungen durch das Kompetenzteam und weitere Referenten betroffener Disziplinen.
b) Vereinbarung einer nationalen Anstrengung in Form einer konzertierten Aktion aus Vertretern der Wirtschaft, der Politik und der Wissenschaft: eine Forschungsinitiative für interdisziplinäre Produktentstehung, Smart Engineering.
c) Beauftragung eines Kompetenzteams aus Wissenschaft und Wirtschaft zur Analyse der Chancen einer konzertierten Aktion und zur Analyse des Risikopotenzials, falls es nicht dazu kommt. Darüber hinaus Ausarbeitung einer Studie über die nötigen Sprunginnovationen in den Bereichen
    - agile und robuste virtuelle Produktentstehung,
    - Systems Engineering und Systeminteraktion für die intelligenten Produkte von morgen,
    - Möglichkeiten und Grenzen modellbasierter Produktentstehung sowie Erforschung des Potenzials für die Nutzung multidisziplinärer, funktionsorientierter Systemmodelle,
    - Integration von Produktentwicklung und Produktionssystementwicklung sowie
    - digitale Produktionsabsicherung für kostenbewusstes Produzieren.
d) Schließen der Lücke zwischen der IKT-Forschungspolitik und der produktionsorientierten Forschungspolitik durch die Forschungsinitiative für interdisziplinäre Produktentstehung, Smart Engineering.

3 ARBEITSTHESEN DES WORKSHOPS SMART ENGINEERING

Um die Voraussetzungen für eine langfristig erfolgreiche Produktentwicklung am Standort Deutschland zu schaffen, werden von der Forschungsinitiative Smart Engineering die folgenden, insgesamt elf Arbeitsthesen zur interdisziplinären Produktentstehung verfolgt:

1) **Die Überlebensfähigkeit der deutschen Industrie ist nur durch innovative Produkt- und Prozessgestaltung zu erzielen.**
   Innovationen, innovative Produkte und Prozesse dienen der Standortsicherung und der Steigerung des Bruttonationaleinkommens.

2) **Multidisziplinarität ist eine branchenunabhängige Herausforderung. Innovative Produkte der Zukunft sind multidisziplinär, nachhaltig, einfach zu bedienen und zu warten.**
   Typische Probleme, die es hierbei zu beachten gilt, sind zum Beispiel das mechatronische Produktmodell, das mechatronische Prozessmodell, disziplinunabhängige Konstruktionsmethoden in der Konzeptphase (vergleiche Systems Engineering), disziplinübergreifende Simulation, verschiedene Lebenszyklen, Automotive und Hightech Compliance.

3) **Neben Mechatronik, Adaptronik und intelligenten Produktsystemen werden wir verstärkt die Einbindung und Ergänzung von Dienstleistung erleben. Damit ergeben sich auch vollständig neue Geschäftsmodelle.**
   Deutschland braucht Innovationen in Dienstleistungen und Produkten wie Dienstleistungskombinationen, Entwicklungen von Methoden zur integrierten Planung von Geschäftsmodellen sowie Integrationen von Produkt- und Dienstleistungen als Ergebnis eines ganzheitlichen Innovationsverständnisses. Beispiele sind Bedarfsanalysen, Engineering- und Finanzdienstleistungen, Versicherungen, Inbetriebnahme, Schulung, Optimierung, Teleservice etc.

4) **PEP vor Fabrik! Die Produktentstehung ist entscheidend für den Standort Deutschland.**
   Die Produktentstehung ist entscheidend für den Standort Deutschland, weil sie nicht nur die Produktinnovation, sondern auch die Produktionsinnovation prägt.

5) **„Simplexity" für Produkte und Prozesse. Die vom Markt geforderte Produkt- und Prozesskomplexität muss mit Lösungen beantwortet werden, die die innere Komplexität reduzieren, etwa durch variantengerechte Produktgestaltung oder Verlagerung der Varianz auf Software.**

Vom kundenorientierten Unikat zur mechanisch/elektronisch variantenfreien Grundkonstruktion (Varianz von Produkten durch Software-Parametrisierung). Darüber hinaus gilt es, Abläufe oder Geschäftsprozesse ständig zu vereinfachen und zu entschlacken und so auch die Fähigkeit, smart und schnell zu entscheiden, zu verbessern. „Simplexity" steht hier für effektives Handeln in komplexen Situationen mit simplen Mitteln.

6) **Die Multidisziplinarität der Produkte verlangt neue Konstruktionsmethoden. Funktionen sollten gegenüber Mechanik und Geometrie in den Vordergrund rücken. Systems Engineering könnte sich als integrative Methode etablieren und eine multidisziplinäre Brücke zwischen den verschiedenen Ingenieurwelten bilden.**
Neue Konstruktionsmethoden bzw. -methodik sowie Prozesse und IT-Lösungen zur fachgebietsübergreifenden, multidisziplinären Entwicklung innovativer, intelligenter Produkte und Systeme sind zu entwickeln. Hier herrscht intensiver Forschungsbedarf. Notwendig ist unter anderem auch eine durchgängige Unterstützung des Systems Engineering: Modellbildung, Informationsstandards, Prozesse, Methoden, Werkzeuge..., zum Beispiel durch eine integrierte Funktions- und Eigenschaftsabsicherung (modellbasiertes Konzept), basierend auf Produkt- bzw. Kundenanforderungen.

7) **Es werden Methoden, Prozesse und IT-Lösungen benötigt, die die frühe Produktlebenszyklusphase unterstützen. 80 Prozent der Kosten eines Produktes werden bis zum Abschluss der Entwicklung festgelegt (bei zehn Prozent Kostenverursachung).**

8) **Die Intelligenz der IT-Lösungen für die virtuelle Produktentwicklung muss drastisch erhöht werden. Die vorhandenen Lösungen sind nicht multidisziplinär, nicht in der frühen Konzeptphase einsetzbar, und geeignete IT-Lösungen für das Systems Engineering fehlen.**
Ansätze und Technologien für die Entwicklung von Lösungen sind zum Beispiel Web 2.0, Enterprise 2.0, Knowledge Based Engineering (KBE), multidisziplinäre Simulation und Optimierung (zum Beispiel als FMU, das heißt Functional Mock-Up als nächste Evolutionsstufe des Digital Mock-Ups), disziplinübergreifende Produktbeschreibung in der frühen Phase (Modellierung und Simulation) sowie Methoden der Informatik zur intelligenten Systemintegration: EAI (Enterprise Application Integration), SOA (Service Oriented Architecture), Intelligent Repositories und Engineering Networks, Grid/Cloud Computing.

9) **Integrierte, föderierte und globale Produktentstehungsprozesse benötigen vollständig neue Systemarchitekturen. Durch die Trennung wesentlicher Informationen in eine technische und eine betriebswirtschaftliche Welt entstehen Brüche und Redundanzen.**
  Heute gibt es keine integrierten und unternehmensweiten Prozesse sowie kein stabiles Engineering Change Management (ECM) bzw. Configuration Management (CM). Zukünftig anzustreben sind integrierte und unternehmensweite Prozesse, stabiles CM sowie Systeme für Enterprise Resource Planning (ERP) bzw. Manufacturing Resources Planning (MRP) ausführende Systeme.

10) **Der Mensch muss innovative Methoden, Prozesse und IT-Lösungen verstehen und akzeptieren können (Stichwort: Human Factors). Ohne Akzeptanz der Anwender wird jede Lösung fehlschlagen.**
  Arbeitsbedingungen sind zu optimieren und Voraussetzungen für eine Akzeptanz von Veränderungsprozessen sind zu gewährleisten: Einbindung des Menschen in eine immer komplexer werdende Arbeitsumgebung und durchgehende Unterstützung der Anwender in Veränderungsprozessen gewährleisten, Bewusstseinsänderung bei Management und Anwendern durch „Change-Prozesse" erzielen, Akzeptanz und damit Erfolg neuer Prozesse und IT-Lösungen sichern.

11) **Alle genannten Thesen müssen in die universitäre und berufliche Aus- und Weiterbildung eingehen. Gebraucht werden mehr ganzheitlich und multidisziplinär ausgebildete Ingenieure. Die technische Aus- und Weiterbildung muss auch Brücken zwischen den Disziplinen schlagen. Die Schranken der verschiedenen Ingenieurfachbereiche müssen fallen.**
  Neue, ganzheitliche Aus- und Weiterbildungsmaßnahmen sind zu konzipieren und umzusetzen, um zukünftig mehr ganzheitlich und interdisziplinär ausgebildete Ingenieure zu haben.

Abgeleitet aus den genannten Thesen verfolgt die Forschungsinitiative Smart Engineering zusammengefasst also vorrangig die folgenden Ziele:

- Eine intelligente Integration und insgesamt stärkere Verzahnung von Wertschöpfungskette und Produktlebenszyklus als auch der an der Produktentwicklung beteiligten Disziplinen,
- eine stärkere Integration von Produkt- und Produktionssystementwicklung,
- die Entwicklung geeigneter IT-Werkzeuge,
- eine stärkere Interdisziplinarität der Aus- und Weiterbildung,
- eine integrale Validierung multidisziplinärer Produkte und
- die stärkere Berücksichtigung des Faktors Mensch bei der Entwicklung innovativer technischer Produkte.

Smart Engineering muss deshalb in die missionsorientierte Innovationspolitik der Hightech-Strategie der Bundesregierung bzw. in deren Umsetzungsstrategie aufgenommen werden. Zwar ist das Thema Produktionstechnologien bereits als Schlüsseltechnologie in der Hightech-Strategie verankert, die modellbasierte Produktentstehung im Sinne eines Smart Engineering fehlt dagegen. Planungsprozesse zur Umsetzung der Hightech-Strategie sehen vor, zu Bedarfsfeldern Rahmenprogramme zu gestalten und den Rahmenprogrammen Förderprogramme zuzuordnen.[2] Smart Engineering muss in diesen Planungsprozessen berücksichtigt werden, denn die Entwicklung der zukunftsträchtigen Bedarfsfelder Gesundheit und Ernährung, Klima und Energie, Sicherheit, Mobilität der Zukunft sowie Kommunikation braucht Smart Engineering. Eine innovativere Gestaltung der strategischen Bedarfsfelder durch die internationale Konkurrenz wäre fatal und hätte nachhaltige Auswirkungen auf die Wettbewerbsfähigkeit der deutschen Industrie.

LITERATUR:

TU Berlin 2011
TU Berlin: Gutachten zu Forschung, Innovation und technologischer Leistungsfähigkeit Deutschlands, Geschäftsstelle der Expertenkommission Forschung und Innovation (TU Berlin), 2011

VDMA 2011
VDMA: Maschinenbau in Zahl und Bild, Frankfurt, VDMA, 27.04.2011

---

[2] TU Berlin 2011.

> VON DER FACHDISZIPLINORIENTIERTEN PRODUKT-ENTWICKLUNG ZUR VORAUSSCHAUENDEN UND SYSTEMORIENTIERTEN PRODUKTENTSTEHUNG

ALBERT ALBERS/JÜRGEN GAUSEMEIER

Der hier vorliegende Text wurde als Teilergebnis eines Forschungsprojektes vorgestellt und veröffentlicht. Dieses Projekt wurde mit der Zielsetzung durchgeführt, zukünftige Forschungsbedarfe und Forschungsansätze im Bereich der Produktion für den Zeithorizont bis zum Jahr 2020 aufzudecken. Anlässlich der Karlsruher Arbeitsgespräche 2010 präsentierte die Arbeitsgruppe „Innovationsprozesse und Produktentwicklung" unter Leitung von Prof. Dr.-Ing. Dr. h.c. A. Albers vom IPEK – Institut für Produktentwicklung am Karlsruhe Institut für Technologie (KIT) und Prof. Dr.-Ing. J. Gausemeier vom Heinz Nixdorf Institut der Universität Paderborn (HNI) ihre Ergebnisse.

Das Forschungsvorhaben zur Produktionsforschung 2020 wurde von Prof. Dr.-Ing. E. Abele und Prof. Dr.-Ing. G. Reinhart geleitet und von zahlreichen Instituten wissenschaftlich begleitet. Die Ergebnisse der gesamten Untersuchung sind als Fachbuch „Zukunft der Produktion – Herausforderungen, Forschungsfelder, Chancen" (Hanser Verlag, April 2011) erhältlich.

ZUSAMMENFASSUNG

Maschinenbauliche Systeme beruhen heute vielfach auf einem engen Zusammenwirken von Mechanik, Elektrotechnik/Elektronik, Regelungstechnik und Software-Technik. Über die Mechatronik hinausgehend werden sie zukünftig eine inhärente Intelligenz aufweisen und damit Produktfunktionen ermöglichen, die bislang nur von biologischen Systemen bekannt sind. Solche intelligenten technischen Systeme werden sich selbstständig und flexibel an wechselnde Betriebs- bzw. Umgebungsbedingungen anpassen können.

Die Anforderungen an diese Erzeugnisse und deren Entstehungsprozesse steigen enorm: So gewinnen Aspekte wie Ressourceneffizienz und Nachhaltigkeit sowie Systemsicherheit und Zuverlässigkeit stark an Bedeutung. Die Basis für den Innovationserfolg von morgen ist daher eine vorausschauende und systemorientierte Produktentstehung. Sie beschreibt den Prozess von der Produkt- bzw. Geschäftsidee bis zum Serienanlauf und umfasst die drei Hauptaufgabenbereiche Strategische Produktplanung, Produktentwicklung und Produktionssystementwicklung.

Bislang existiert jedoch eine Reihe von Barrieren, die eine erfolgreiche vorausschauende und systemorientierte Produktentstehung behindern: Es wird fachdisziplinorientiert und nicht ganzheitlich gedacht; bereits erarbeitetes Wissen ist nicht ohne Weiteres verfügbar; es mangelt an interdisziplinär ausgebildeten Ingenieuren; der Transfer von Forschungsergebnissen in die industrielle Praxis gelingt nur teilweise; die zur Verfügung stehenden Methoden und Entwicklungswerkzeuge sind nur unzureichend in den Produktentstehungsprozess integriert.

Zur Überwindung dieser Barrieren ergibt sich vorrangig Forschungsbedarf in folgenden Bereichen:

— Strategische Entwicklung von Produktinnovationen
— Integrierte Produktentwicklung
— Produktentstehung als Wissensarbeit
— Werkzeuge der Produktentstehung

Im Folgenden stellen wir diesen Forschungsbedarf dar. Grundlage hierfür ist eine Beschreibung und Analyse der Produktentstehung und des integrativen Zusammenwirkens ihrer Aufgabenbereiche.

1 PRODUKTENTSTEHUNGSPROZESS UND PRODUKTLEBENSZYKLUS

Die Produktentstehung ist Teil des Produktlebenszyklus und beschreibt den grundsätzlichen Ablauf von der Produkt- bzw. Geschäftsidee bis zum Serienanlauf (Abbildung 3). Sie umfasst die drei Hauptaufgabenbereiche strategische Produktplanung, Produktentwicklung und Produktionssystementwicklung. Der eigentlichen Produktentwicklung ist also die systematische Erarbeitung des „Entwicklungsauftrags" vorangestellt. Die Produktionssystementwicklung erfolgt parallel zur Produktentwicklung; sie beinhaltet die Aufgabenbereiche Arbeitsablaufplanung, Arbeitsstättenplanung, Arbeitsmittelplanung und Produktionslogistik (insbesondere Materialflussplanung). Produktentwicklung und Produktionssystementwicklung sind vor allem in der frühen Konzeptphase eng aufeinander abgestimmt voranzutreiben, um sicherzugehen, dass alle Möglichkeiten der Gestaltung eines leistungsfähigen und kostengünstigen Erzeugnisses ausgeschöpft werden.[3]

Systemtechnisch betrachtet ist nach ROPOHL das Ziel der Produktentstehung somit die Überführung eines geforderten Zielsystems (alle Ziele, die mit dem neuen Produkt verfolgt werden) mittels eines Handlungssystems (etwa Unternehmen mit allen zur Verfügung stehenden Ressourcen) in ein geeignetes Objektsystem (zum Beispiel Simulationsmodell, Prototyp, serienreifes Produkt). Durch die permanente Bearbeitung verändert sich das Zielsystem und es wird dabei zunehmend konkretisiert.[4]

1.1 STRATEGISCHE PRODUKTPLANUNG

Ziel der strategischen Produktplanung ist die Schaffung der ökonomischen Grundlage für das Produkt. Es werden der Bedarf, die Marktsegmente, die Potenziale, die zukünftigen

---

[3] Gausemeier/Plass/Wenzelmann 2009.
[4] Ropohl 1975.

Entwicklungen von Technologien und Märkten sowie die daraus resultierenden Möglichkeiten für das Unternehmen beschrieben. Der Aufgabenbereich charakterisiert den Ablauf vom Finden der Erfolgspotenziale der Zukunft bis zum Entwicklungsauftrag. Er umfasst die Tätigkeitsbereiche Potenzialfindung, Produktfindung und Geschäftsplanung. Das Ziel der Potenzialfindung ist das Erkennen zukünftiger Erfolgspotenziale sowie die Ermittlung entsprechender Handlungsoptionen. Basierend auf den erkannten Erfolgspotenzialen befasst sich die Produktfindung mit der Suche und Auswahl neuer Produkt- und Dienstleistungsideen zu deren Erschließung. Wesentliches Resultat sind die Anforderungen. In der Geschäftsplanung geht es zunächst um die Geschäftsstrategie, das heißt um die Beantwortung der Frage, welche Marktsegmente wann und wie bearbeitet werden sollen. Auf dieser Grundlage erfolgt die Erarbeitung der Produktstrategie. Sie enthält Aussagen zur Gestaltung des Produktprogramms, zur wirtschaftlichen Bewältigung der vom Markt geforderten Variantenvielfalt, zu eingesetzten Technologien, zur Programmpflege über den Produktlebenszyklus etc. Die Produktstrategie mündet in einen Geschäftsplan und die damit verbundene Frage, ob mit dem neuen Produkt bzw. mit einer neuen Produktoption ein attraktiver Return on Investment zu erzielen ist. Im Hinblick auf die nachfolgende Produktentwicklung ist das wesentliche Ergebnis der Entwicklungsauftrag.

Abbildung 3: Produktentstehung als Teil des Produktlebenszyklus

Quelle: Gausemeier/Lindemann/Reinhart/Wiendahl 2000.

1.2 PRODUKTENTWICKLUNG

Die Produktentwicklung umfasst die Produktkonzipierung, den fachdisziplinspezifischen Entwurf und die entsprechende Ausarbeitung sowie die Integration der Ergebnisse der einzelnen Fachdisziplinen zu einer Gesamtlösung.

Ausgangspunkt ist ein ganzheitliches Produktkonzept (die sogenannte Prinziplösung), das die prinzipielle Wirkungsweise des technischen Systems beschreibt und das entlang des Produktlebenszyklus zu einem Systemmodell weiterentwickelt wird. Die Aktivitäten der Produktentwicklung führen somit zu einer vollständigen Dokumentation und Beschreibung des Produkts. Die Aussagen der Produktbeschreibung müssen bezüglich technischer Funktionsfähigkeit, Kosten, Qualität und Zeit verbindlich und exakt sein. Eine hinreichende Darlegung der technisch-wirtschaftlichen Machbarkeit soll gewährleistet werden. Hierbei müssen mit möglichst geringem Aufwand grundlegende Aussagen zur meist multidisziplinären Realisierung schlüssig dargelegt und validiert werden.

Da in diesem Zusammenhang die Bildung und Analyse von rechnerinternen Modellen eine wichtige Rolle spielt, hat sich der Begriff Virtuelles Produkt bzw. Virtual Prototyping verbreitet. Die Validierungsaktivitäten erstrecken sich über den gesamten Produktentwicklungsprozess und besitzen eine zentrale Bedeutung, da sie durch Simulation und Experiment den Grad der Erfüllung des Zielsystems durch die synthetisierten Lösungen im Objektsystem (zum Beispiel die Leistungsfähigkeit eines neuen Getriebes auf einem Antriebsstrangprüfstand) ermitteln und das weitere Voranschreiten im Entwicklungsprozess bestimmen.[5] Hieraus lassen sich entscheidende Erkenntnisse für die weitere Planung der Produktentstehung (etwa die Freigabe des Produktes für die Produktionssystementwicklung) sowie für weitere Produktentstehungsprojekte und deren Optimierung gewinnen.

1.3 PRODUKTIONSSYSTEMENTWICKLUNG

Den Ausgangspunkt bildet die Konzipierung des Produktionssystems, die in engem Wechselspiel mit der Produktkonzipierung vorzunehmen ist, weil häufig Fertigungstechnologien bereits das Produkt determinieren oder auch innovative Produkte neue Fertigungstechnologien und entsprechende Produktionssysteme erfordern. In der Produktionssystemkonzipierung sind die vier Aspekte Arbeitsablaufplanung, Arbeitsmittelplanung, Arbeitsstättenplanung und Produktionslogistik integrativ zu betrachten. Wie in der Produktentwicklung spielt auch hier die Modellbildung und -analyse eine wichtige Rolle, was mit den Schlagworten Virtuelle Produktion bzw. Digitale Fabrik zum Ausdruck kommt. Analog zur Produktentwicklung erfolgen auf Basis des Produktionssystemkonzepts der Entwurf und die Ausarbeitung getrennt nach den vier genannten Aspekten. Die entsprechenden Resultate sind zum Beispiel der Arbeitsplan und NC-Steuerinformationen in der Arbeitsablaufplanung, Unterlagen zur Errichtung einer Fertigungslinie, ergonomisch gestaltete Arbeitsplätze etc. in der Arbeitsstättenplanung, Vorrichtungen

---

[5] Albers/Braun 2011.

und Werkzeuge in der Arbeitsmittelplanung und ein projektiertes Materialfluss- und Lagersystem in der Produktionslogistik.

2 DER INTEGRATIVE CHARAKTER DER PRODUKTENTSTEHUNG

Bei den drei dargestellten Aufgabenbereichen der Produktentstehung handelt es sich um keine stringente Folge von Phasen und Meilensteinen. Vielmehr ist es ein Wechselspiel verschiedener Aktivitäten, die vom jeweiligen Konkretisierungsgrad des Zielsystems abhängen. Aufgrund des systemischen Charakters der Produktentstehung müssen sie als Ganzes betrachtet werden. Aus dem Wechselspiel ergeben sich in den Überschneidungsbereichen die Tätigkeitsfelder strategische Produktentwicklung, strategische Produktionssystementwicklung und integrierte Produkt- und Produktionssystementwicklung. Das integrative Zusammenwirken dieser Bereiche spiegelt sich auch in der Grundidee des Systems Engineering wider (Abbildung 4).

Die Aktivitäten der Produktentstehung sind in ein komplexes Umfeld eingebettet, das durch Einflussfaktoren, Megatrends und Gestaltungsfaktoren beeinflusst wird. Einflussfaktoren und Megatrends entziehen sich dem direkten Einfluss eines Unternehmens und können daher nicht aktiv beeinflusst werden. Gestaltungsfaktoren können hingegen gezielt beeinflusst werden. Die für die Produktentstehung maßgeblichen Gestaltungsfaktoren lassen sich in die vier Bereiche Mensch, Organisation, Wissen und Werkzeuge unterteilen (Abbildung 5).

Abbildung 4: Integrationsbereiche des Themenfeldes Innovationsprozesse und Produktentwicklung

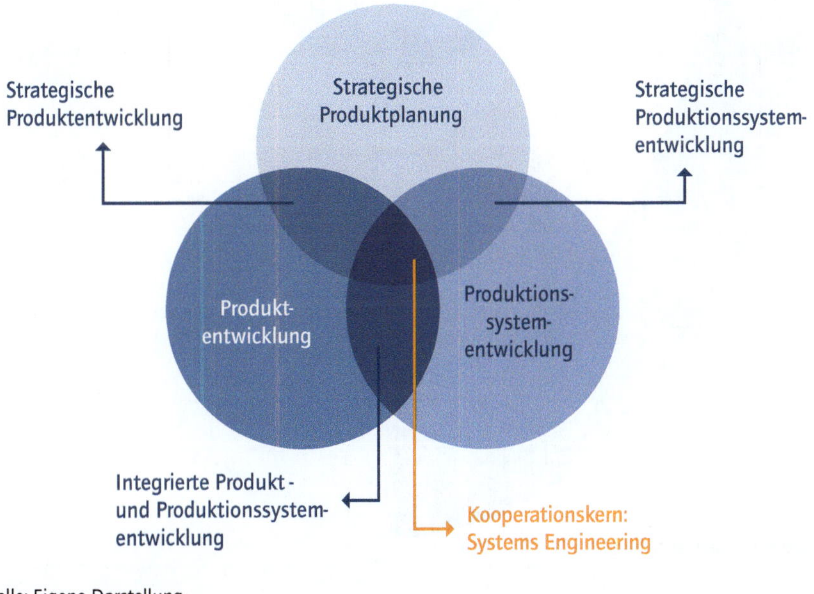

Quelle: Eigene Darstellung.

Abbildung 5: Einflussbereiche auf die Produktentstehung

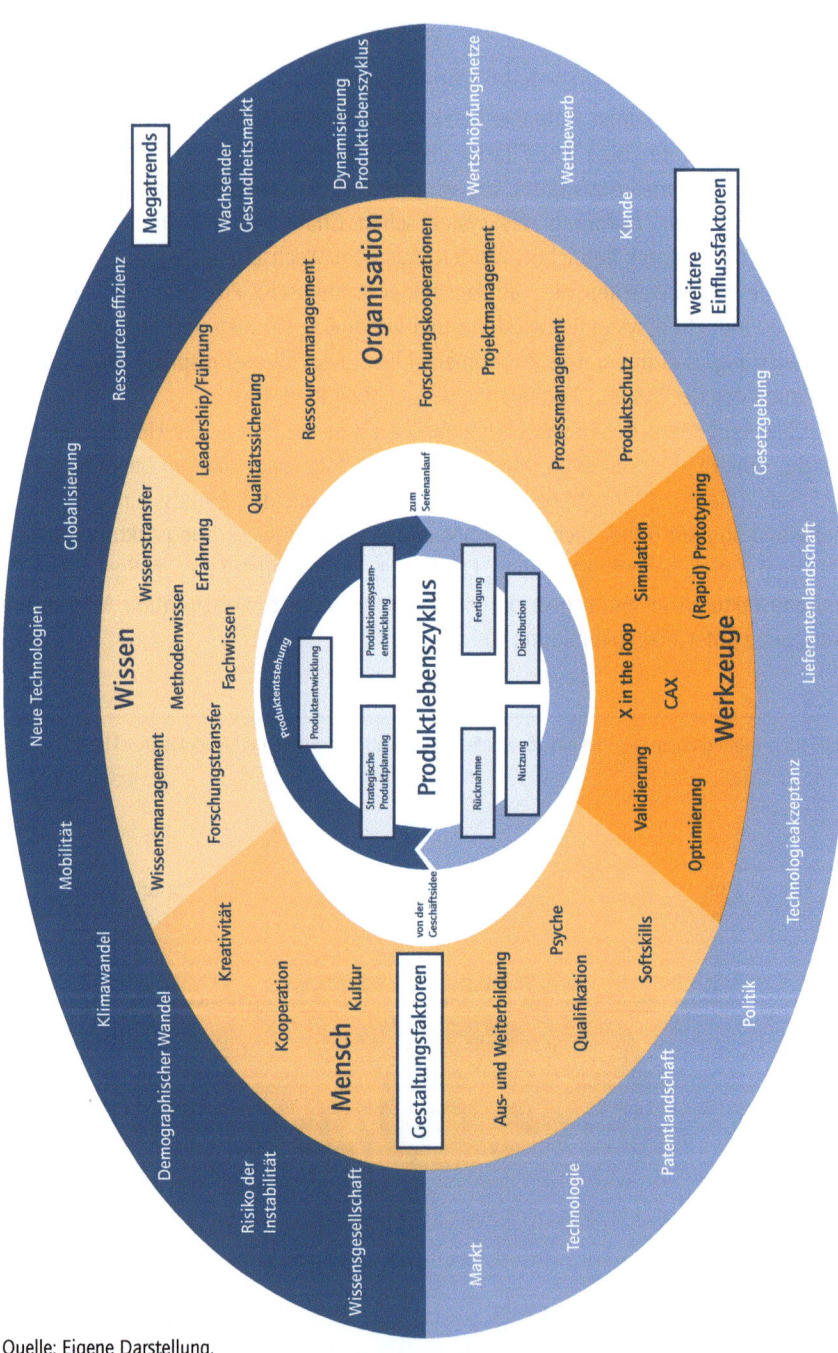

Quelle: Eigene Darstellung.

3 FORSCHUNGSBEDARF „INNOVATIONSPROZESSE UND PRODUKTENTWICKLUNG"

Im Rahmen des Forschungsvorhabens Produktionsforschung 2020 wurden im Lichte der Herausforderungen an die Industrie sowie des Know-hows und der Expertise von Wissenschaft und Industrie folgende Stoßrichtungen erkannt:

- Der hohen Hebelwirkung der Produktentstehung auf Wachstum und Beschäftigung ist Rechnung zu tragen.
- Der effiziente Transfer von Forschungsergebnissen muss sichergestellt werden.
- Dem Mangel an Ingenieuren ist entgegenzuwirken.

Darüber hinaus wurde für das Themenfeld „Innovationsprozesse und Produktentwicklung" Forschungsbedarf in vier übergeordneten Handlungsfeldern festgestellt:

- Strategische Entwicklung von Produktinnovationen
- Integrierte Produktentwicklung
- Produktentstehung als Wissensarbeit
- Werkzeuge der Produktentstehung

Die Handlungsfelder stehen in direktem Zusammenhang mit den drei Hauptaufgabenbereichen der Produktentstehung und stellen den wesentlichen Forschungsbedarf für die Produktentstehung in Deutschland bis zum Jahr 2020 dar. Sie unterstreichen die Notwendigkeit des Wandels von einer fachdisziplinorientierten Produktentwicklung hin zu einer vorausschauenden und systemorientierten Produktentstehung.

3.1 STRATEGISCHE ENTWICKLUNG VON PRODUKTINNOVATIONEN

Produktinnovationen und gegebenenfalls komplementäre Dienstleistungsinnovationen im Sinne von hybriden Leistungsbündeln ergeben sich, wenn Marktbedarf auf technologische Möglichkeiten trifft und sich eine attraktive Rendite realisieren lässt. Daher kommt es insbesondere darauf an, den Market Pull wie auch den Technology Push zu antizipieren und daraus die Schlüsse für die Entwicklung von Produkt-, Technologie- und Geschäftsmodellinnovationen zu ziehen (Abbildung 6). Zukünftige Markt- und Technologieentwicklungen sind in einer systematischen Potenzialfindung vorauszudenken und die sich daraus ergebenden Erfolgspotenziale und entsprechenden Handlungsoptionen für die Zukunft abzuleiten. Basierend auf den erkannten Erfolgspotenzialen sind neue Produkt- und Dienstleistungsinnovationen zu suchen und auszuwählen. Aufgrund der sich abzeichnenden Verknappung von Rohstoffen und des Bewusstseinswandels in der Bevölkerung werden hierbei zukünftig insbesondere die Aspekte Ressourcenschonung und Nachhaltigkeit von Bedeutung sein. In der Geschäftsplanung kommt es darauf an, die Konsistenz von Produkt-, Technologie- und Produktionsstrategie auf der einen Seite und den künftigen Geschäftsmodellen und -zielen auf der anderen Seite herzustellen. Ferner sind die Auswirkungen von neuen Geschäftsmodellen wie „Ultra-Low-Price-Strategien" und „Systemkopfstrategien" auf die Produktentstehung zu berücksichtigen.

Abbildung 6: Strategische Entwicklung von Produktinnovationen

Potentialfindung
- Analyse des systemischen Verhaltens von Innovation
- Radikale/Disruptive Innovation
- Antizipation des Market Pull
- Identifikation und Spezifikation zukünftiger Marktanforderungen

Produkt- und Technologiefindung/ -entwicklung
- Antizipation des Technology Push
- Technologiemonitoring/ -scouting
- Strategiekonforme Produkt- und Technologieauswahl

Strategische Entwicklung von Produktinnovationen

Ressourcenschonende Produktentwicklung
- Gesamtenergetische Betrachtung in der Produktentwicklung
- Zweck- und ressourcenoptimierte Produkte

Nachhaltigkeit und Kreislaufwirtschaft
- Lebenszyklus antizipieren
- Total Cost of Ownership Betrachtungen

Geschäftsplanung
- Geschäftsfeldentwicklung
- Geschäftsstrategie
- Produktstrategie
- Substrategiesynthese

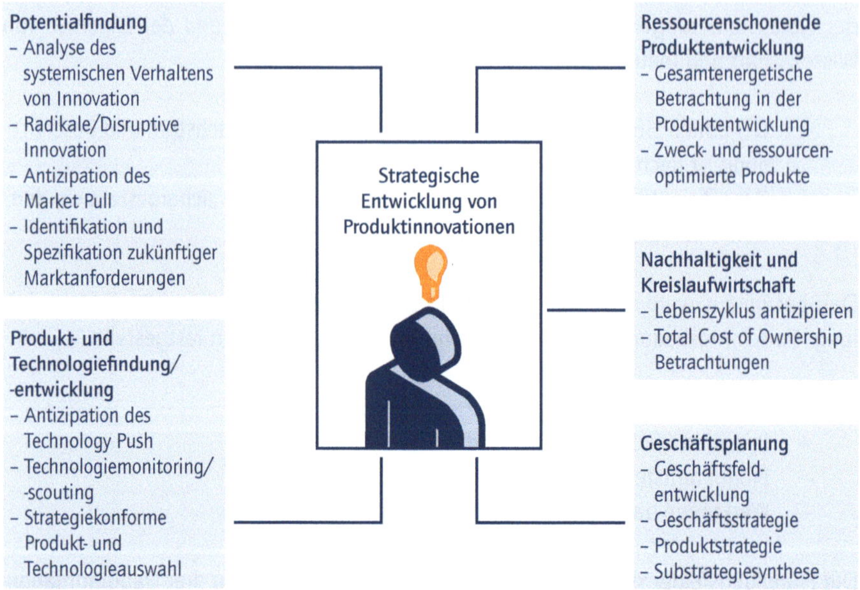

Quelle: Eigene Darstellung.

3.2 INTEGRIERTE PRODUKTENTWICKLUNG

Die Integrierte Produktentwicklung ist ein systemischer Ansatz, der alle Einflüsse auf die Entstehung eines Produktes berücksichtigt (Abbildung 7). Dies beinhaltet eine konsequente Betrachtung der gesamten, vernetzten Aktivitäten entlang des Produktlebenszyklus. Die Wechselwirkung zwischen Produkt und Prozess wird verstärkt berücksichtigt, indem die an der Produktentstehung Beteiligten zu einer ganzheitlichen Denk- und Verhaltensweise ausgebildet und angehalten werden. Die Betrachtung der Wechselwirkungen zwischen strategischer Planung sowie Produktionssystementwicklung und Produktentwicklung sind zentraler Bestandteil des Ansatzes. Die Produktentwicklung ist somit keine Zusammenstellung separater Tätigkeiten einzelner Fachdisziplinen, sondern die gleichberechtigte, systemorientierte Integration von Methoden und Arbeitstechniken aller Fachdisziplinen.

Abbildung 7: Integrierte Produktentwicklung

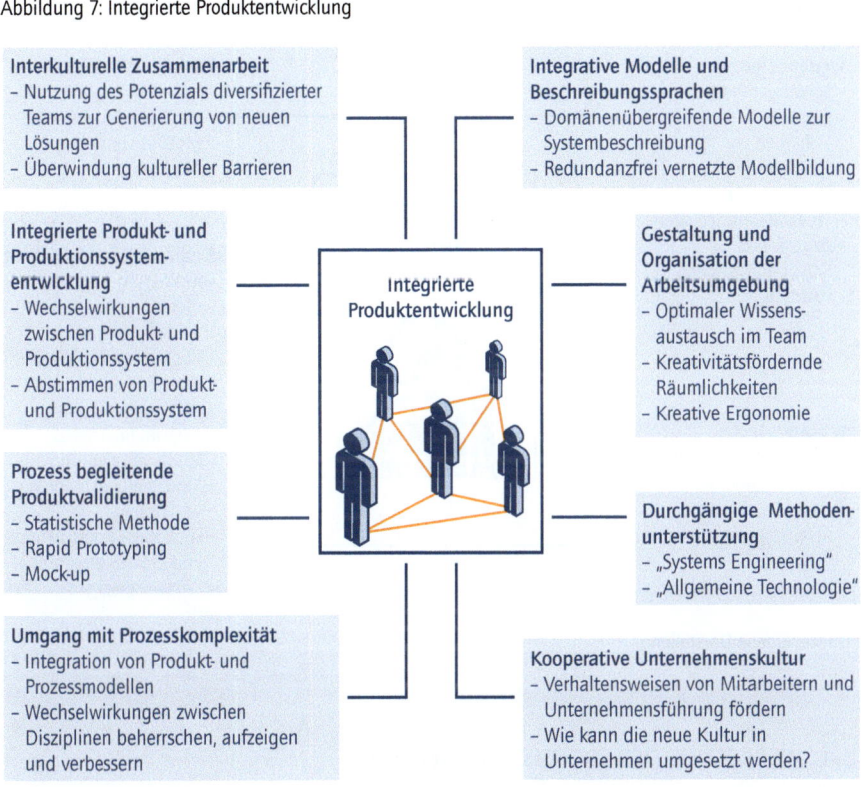

Quelle: Eigene Darstellung.

3.3 PRODUKTENTSTEHUNG ALS WISSENSARBEIT

Das Forschungsfeld Produktentstehung als Wissensarbeit adressiert das Wechselspiel von Externalisierung, Kombination, Internalisierung und Sozialisation von Wissen im Sinne der lernenden Organisation sowie den Schutz von Wissen mit dem Ziel, unternehmensspezifisches und global verfügbares Wissen effizienter für die Innovation und Wertschöpfung zu nutzen (Abbildung 8). Speziell in der Produktentstehung findet sich das für die Generierung von Innovationen notwendige Wissen oftmals nur stark personengebunden wieder. Dieses Wissen über Prozesse, Abläufe, Methoden und Technologien bildet aber oftmals die Grundlage für die führende Wettbewerbsposition großer Unternehmen, aber vor allem auch von KMU, die es zu erhalten und auszubauen gilt.

Abbildung 8: Produktentstehung als Wissensarbeit

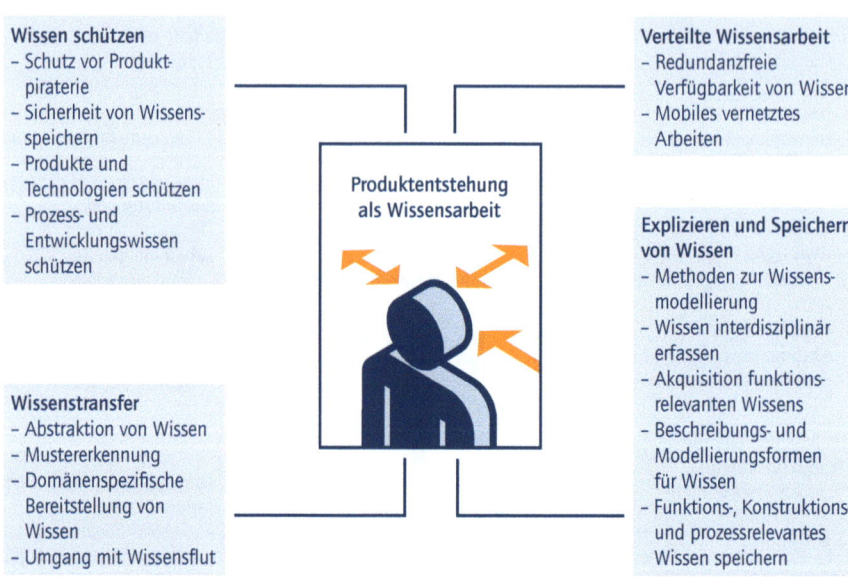

Quelle: Eigene Darstellung.

3.4 WERKZEUGE DER PRODUKTENTSTEHUNG

Die Neu- und Weiterentwicklung von Entwicklungswerkzeugen zielt auf die Unterstützung der an der Produktentstehung beteiligten Akteure ab (Abbildung 9). Die beiden wesentlichen Dimensionen sind hierbei die Virtualisierung der Produktentstehung und die adäquate Methodenunterstützung. Beide sind für eine erfolgreiche Nutzung der entwickelten Werkzeuge in der Praxis verschiedenen Randbedingungen unterworfen. Die Anforderungen an die Werkzeuge ergeben sich beispielsweise aus dem Bedarf, mit der Komplexität und Struktur der Produktentstehung umzugehen (zum Beispiel Lebenszyklusorientierung und Komplexität der Produkte). Zum anderen resultieren sie aus der Ausrichtung der Werkzeuge auf die Bedürfnisse der Anwender.

Abbildung 9: Werkzeuge der Produktentstehung

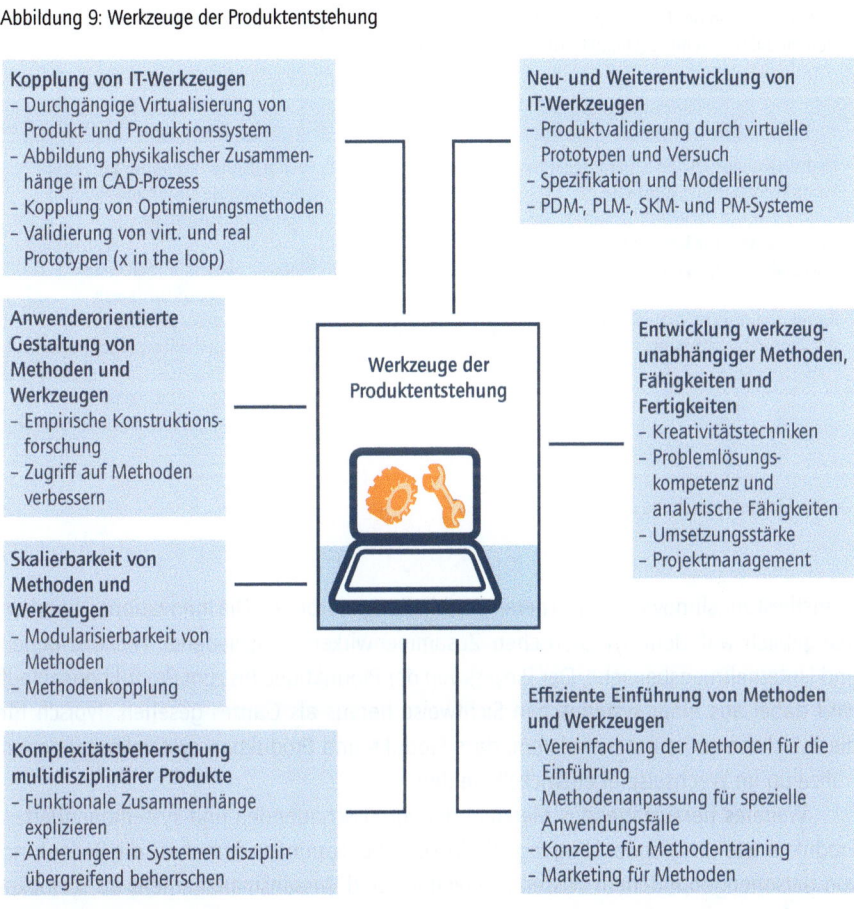

Quelle: Eigene Darstellung.

4 FAZIT

Wertschöpfung und Beschäftigung stellen sich nur dann ein, wenn das Richtige richtig getan wird. Aus diesem Grund stellt die Vorausschau von Märkten, Technologien und Geschäftsumfeldern die grundlegenden Weichen für den Innovationserfolg und sorgt für unternehmerische Effektivität – das Richtige tun. Auf dem Weg zur Innovation kommt es zudem auch auf Effizienz an – es richtig tun.

Voraussetzung für den nachhaltigen Innovationserfolg ist jedoch ein Wandel von einer fachdisziplinorientierten Produktentwicklung hin zu einer vorausschauenden und systemorientierten Produktentstehung (Abbildung 10): Ausgehend von der vorausschauenden Identifikation zukünftiger Erfolgspotenziale werden systematisch Produkt- und

Abbildung 10: Von der fachdisziplinorientierten Produktentwicklung zur vorausschauenden und systemorientierten Produktentstehung (charakteristische Merkmale)

Heute		Morgen
- Fachdisziplinorientierte, parallelisierte Produktentstehungsprozesse - Innovationen auf Basis von personifiziertem Wissen - Aspektorientierte Virtualisierung der Produktentstehung	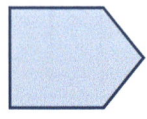	- Fachdisziplin-, standort- und kulturübergreifende simultane Produktentstehungsprozesse - Vorausschauend entwickelte Innovationen auf Basis von personen- und organisationsübergreifender Wissensintegration - Durchgängige, integrierte Virtualisierung der Produktentstehung

Quelle: Eigene Darstellung.

Dienstleistungsinnovationen zu deren Erschließung erarbeitet. Die Innovationen beruhen maßgeblich auf dem symbiotischen Zusammenwirken verschiedener Fachdisziplinen und Unternehmensbereiche. Der Prozess von der Produktidee bis zum Produktionsanlauf wird dabei aus einer systemischen Sichtweise heraus als Ganzes gesehen. Typisch für diese Sichtweise ist unter anderem, dass Produkt- und Produktionssystemkonzeptionen frühzeitig im Wechselspiel entwickelt werden.

Weiteres herausragendes Merkmal der vorausschauenden und systemorientierten Produktentstehung ist der Umgang mit Wissen. Hier kommt es darauf an, die Bedeutung von personengebundenem Wissen zu erkennen und Wissensmanagement als sozioökonomische Herausforderung zu begreifen sowie das Wechselspiel von Externalisierung, Kombination, Internalisierung und Sozialisation von Wissen zu beherrschen. Auf dieser Grundlage wird unter anderem Wissen in Form von Lösungsmustern, Richtlinien, Best Practices, Lessons Learned etc. in der Produktentstehung verfügbar; Veränderungs- und Erkenntnisprozesse werden objektiv und nachvollziehbar.

Mehr denn je wird die Leistungsfähigkeit der Produktentstehung durch die Möglichkeiten der Informations- und Kommunikationstechnik geprägt werden. Den Schwerpunkt bildet die konsequente Virtualisierung, d.h. rechnerinterne Modelle zu bilden und zu analysieren. Als besondere Herausforderung erweist sich die Integration der vielfältigen Modelle. Ferner wird es darauf ankommen, die neuen leistungsfähigen rechnerunterstützten Entwurfstechniken den mittelständischen Unternehmen zugänglich zu machen. Getragen wird die Virtualisierung von einer durchgängigen Methodenunterstützung der gesamten Produktentstehung.

LITERATUR:

Albers/Braun 2011
Albers, A.; Braun, A.: A generalised framework to compass and to support complex product engineering processes. In: International Journal of Product Development 15 (2011), Nr. 1/2/3, S. 6 - 25

Gausemeier/Lindemann/Reinhart/Wiendahl 2000
Gausemeier, J.; Lindemann, U.; Reinhart, G.; Wiendahl, H.: Kooperatives Produktengineering – Ein neues Selbstverständnis des ingenieurmäßigen Wirkens. Paderborn, HNI-Verlagsschriftenreihe, Band 79, 2000

Gausemeier/Plass/Wenzelmann 2009
Gausemeier, J.; Plass, C.; Wenzelmann, C.: Zukunftsorientierte Unternehmensgestaltung – Strategien, Geschäftsprozesse und IT-Systeme für die Produktion von morgen. München, Carl Hanser Verlag, 2009

Ropohl 1975
Ropohl, G.: Systemtechnik – Grundlagen und Anwendung. München, Carl Hanser Verlag, 1975

> INNOVATION DURCH INTERDISZIPLINARITÄT: BEISPIELE AUS DER INDUSTRIELLEN AUTOMATISIERUNG

JOSEF BINDER/PETER POST

In der Automatisierungstechnik (Fabrik- und Prozessautomatisierung) steigen die Anforderungen seitens des Marktes im Hinblick auf Individualisierung der Produkte, erhöhte Funktionalität, einfachere Handhabung sowie Energieeffizienz. Zudem erfolgt eine zunehmende Differenzierung von Produkten, Systemen und Leistungen nach regional-, branchen- und kundenspezifischen Anforderungen. Die konsequente Orientierung von Unternehmen an die sich verändernden Marktanforderungen erhöht zunächst einmal die Komplexität, zum Beispiel im Hinblick auf zunehmende kundenindividuelle Wünsche an das Produkt, abnehmende Lieferzeiten bei abnehmenden Preisen und zunehmender Leistungsfähigkeit und Produktqualität sowie kürzere Produktlebenszyklen bei zunehmender Produktkomplexität.

Systeme, Teilsysteme und Komponenten in der Automatisierung, die eine kundenspezifische Lösung darstellen, bestanden vor vierzig Jahren noch weitgehend aus mechanischen Funktionen. In den achtziger und neunziger Jahren erhöhte sich der Anteil an elektronischen Funktionen erheblich, in den vergangenen 15 Jahren ist ein weiterer erheblicher Anstieg von Software in verschiedenen Ausführungsformen zu verzeichnen.

Aufgrund dieser Entwicklungen kommt zukünftig der Zusammenarbeit verschiedener Disziplinen und damit auch einer neuen Auslegung des Produktentstehungsprozesses eine wesentliche Bedeutung zu. Ein Beispiel in der Automatisierungstechnik, das die Bedeutung der Interdisziplinarität in der Produktentwicklung aufzeigt, ist die Mechatronik. Der Begriff „Mechatronik" gilt technischen Produkten, die auf mechanischen und elektronischen Funktionen basieren. Heute muss dieser Begriff durch die Informatik erweitert werden, da gerade in der Mechatronik die Software die Individualisierung von kundenspezifischen Lösungen und darüber hinaus viele wichtige Aufgaben übernimmt.

Zum anderen wird eine wesentliche Bedeutung bei Produkt- und Systementwicklungen dem modellbasierten Entwurf zukommen. Damit verbunden ist die Entwicklung von geeigneten und besseren Software-Werkzeugen beispielsweise für den mechatronischen Entwurf.

Dieser Beitrag befasst sich mit der Bedeutung interdisziplinärer Produktentwicklung, und mit der Frage, wie die steigende Komplexität in den Kundenanforderungen durch Weiterentwicklung des Produktentstehungsprozesses und Optimierung unternehmensinterner

Prozesse besser gehandhabt werden kann sowie mit der Notwendigkeit der Entwicklung geeigneter IT-Tools für den modellgestützten Entwurf.

In aufstrebenden Ländern wie China, Indien und Korea werden zunehmend Entwicklungsprozesse deutscher und europäischer Entwicklungspartner übernommen. In diesen Märkten entstehen zunehmende Bedarfe nach hochwertigen, intelligenten Produkten, die natürlich auch aus diesen Ländern in die Welt exportiert werden. Es müssen hinsichtlich der Produktentwicklungs- und Produktionsprozesse Voraussetzungen geschaffen werden, die Wettbewerbsfähigkeit des Standortes Deutschland zu erhalten und weiter auszubauen.

1 ANFORDERUNGEN UND TRENDS IN DER AUTOMATISIERUNG

Trends ergeben sich aus Anforderungen, die einerseits aus der Entwicklung der Märkte resultieren, andererseits durch gesetzliche Vorgaben bedingt sind oder aus schrittweisen oder sprunghaften technologischen Entwicklungen entstehen. Dabei müssen Innovationen die Kernanforderungen der Kunden erfüllen und zunehmend integrationsfähig in bestehende Anwendungen sein.

Im Bereich der Automatisierung – dies betrifft sowohl die Fabrik- als auch die Prozessautomation – sind in jüngster Vergangenheit im Wesentlichen Energieeffizienz und damit verbunden der Aspekt des Energiemanagements, Condition Monitoring im Sinne der vorausschauenden Instandhaltung und Überwachung von Anlagen sowie Steigerung der Produktivität durch Senken des Aufwandes für Engineering und Inbetriebnahme in den Vordergrund getreten.

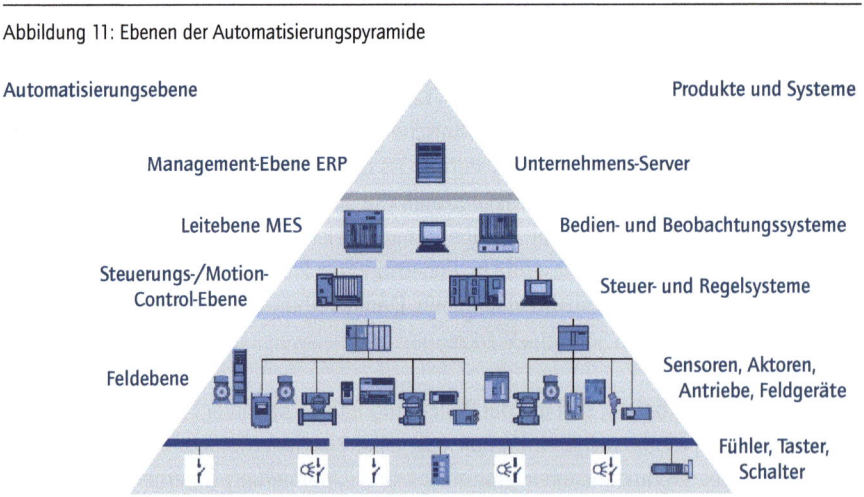

Abbildung 11: Ebenen der Automatisierungspyramide

Quelle: Friedl 2010.

Diese Trends werden begleitet von Entwicklungen der gesamten Systemarchitektur. In der Automatisierungspyramide, die von der Unternehmensebene über die Betriebs- und Prozessleitebene, über die Steuerungsebene bis zur Feldebene reicht, erfolgt ein Zusammenwachsen von Büro und Fabrik, das heißt eine Vernetzung vom ERP-System (Enterprise Resource Planning) bis zum Sensor. Dies ist in Abbildung 11 dargestellt.

Diese neuen Architekturen bedingen eine Durchgängigkeit von der Managementebene bis zur Feldebene durch Ethernet-basierte Kommunikation, zudem werden abhängig von der Applikation zentrale Steuerungsaufgaben auf verschiedene dezentrale Steuerungsebenen verlagert.[6] Technologiebasierte Trends erfolgen im Bereich der Funktionsintegration (sogenannte embedded Technologien), Miniaturisierung und der damit verbundenen Erhöhung der Funktionsdichte, in der Kommunikation auf der Basis drahtgebundener und zukünftig auch drahtloser Informationsübertragung sowie in der Mensch-Maschine-Interaktion mit Spracheingabefunktionen. Im Bereich der Antriebstechnik (pneumatisch und elektrisch) erfolgt derzeit eine Weiterentwicklung mechatronischer Systeme vom mechatronischen Gerät zum Smart System und zur intelligenten Maschine. Konkret ist dies in Abbildung 12 dargestellt.

Der geregelte Antrieb als mechatronisches Gerät umfasst die Funktionen Aktorik, Sensorik und Steuerung. Eine Weiterentwicklung zur Integrationsachse umfasst die zusätzlichen Funktionen Selbstdiagnose, Selbstkorrektion und Selbstkalibrierung. Eine weitere Stufe bedeutet zum Beispiel die Entwicklung eines Serviceroboters, der zusätzlich zu den genannten Eigenschaften Möglichkeiten zur intelligenten Kooperation und Kommunikation mit dem Nutzer bietet.

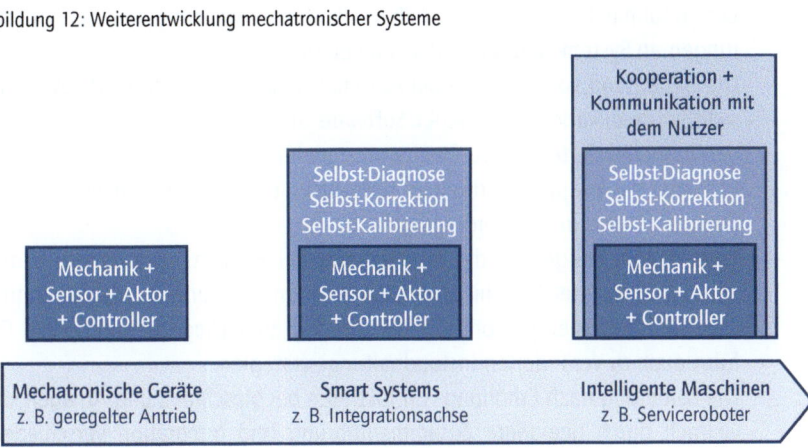

Abbildung 12: Weiterentwicklung mechatronischer Systeme

Mechatronische Systeme bilden die Subsysteme für Intelligente Produkte

Quelle: Eigene Darstellung.

---

[6] Roland Berger Strategy Consultants 2009; Friedl 2010.

Auch außerhalb der industriellen Automatisierungstechnik geht die Entwicklung in Richtung intelligenter, mechatronischer Systeme mit signifikantem Software-Anteil. Folgende Beispiele, die nach Aussage verschiedener Studien zukünftig von hoher Marktrelevanz sein werden, seien hier angeführt:

- Interaktive, mobile Transportassistenten im Servicebereich von öffentlichen Einrichtungen wie zum Beispiel Flughäfen, Bahnhöfen, Hotels
- Neuartige multimediale Informations- und Kommunikationssysteme mit natürlichen Mensch-Maschine-Schnittstellen, beispielsweise autonome, digitale Assistenten in Büros und im Heimbereich
- Intelligente Videokonferenzsysteme mit vollautomatischer visueller und akustischer Nutzerlokalisation und -verfolgung
- Intelligente Videoüberwachungssysteme für sicherheitskritische Bereiche
- Zugangskontrolle zu Rechnersystemen, Datenbanken, Räumen mittels Fingerprintanalyse
- Lernfähige, intelligente Leitstände für Kraftwerke, Steuerzentralen, Sicherheitsbereiche
- Visuelle Patientenbeobachtungssysteme für die Intensivtherapie
- Systeme zur Planung und Ausführung hochgenauer chirurgischer Eingriffe
- Steuerungen von Heimgeräten über Handzeichen in Verbindung mit natürlicher Sprache.

Von diesen Trends leiten sich eine Reihe von Schlussfolgerungen ab:

- Die Zunahme der Komplexität stellt bei Produktentwicklungen höhere Anforderungen an System- und Methodenkompetenz.
- Die Bedeutung von Software bei Automatisierungslösungen wird sowohl hinsichtlich applikationsspezifischer Software als auch hinsichtlich Software für den modellbasierten Entwurf weiterhin zunehmen.
- In Zeiten der knappen und teuren Ressourcen und Rohstoffe rückt das Thema Energieeffizienz in den Vordergrund.
- Eine weitere Steigerung der Produktivität bei Produktionsprozessen bedingt eine Erhöhung der Maschinenverfügbarkeit und -sicherheit durch Einführung von softwarebasierten Condition Monitoring- und Diagnosefunktionen. Dies führt auch zu veränderten Instandhaltungsstrategien.
- Die Forderung nach Erhöhung von Taktraten bei Maschinen und Anlagen kann vielfach durch geeignete Zusammenführung und Integration verschiedener Funktionen mit Anwender-Software erfüllt werden.

2 BEISPIELE FÜR INTERDISZIPLINÄRE ENTWICKLUNG IN DER AUTOMATISIERUNGSTECHNIK

Am Beispiel mechatronischer Systeme, die einen interdisziplinären Produktentstehungsprozess erfordern, soll im Folgenden verdeutlicht werden, dass

- Multidisziplinarität zur Entwicklung innovativer Produkte erforderlich ist,
- Lösungen angeboten werden müssen, die die Komplexität reduzieren, zum Beispiel durch Verlagerung der Varianz auf die Software,
- eine Integration von Produktentwicklung und Produktionssystementwicklung erforderlich ist,
- neue IT-Lösungen benötigt werden, um Entwicklungsrisiken und Kosten zu minimieren und Entwicklungsabläufe effizienter zu gestalten und
- innovative Produktentwicklungen auch die Möglichkeit neuer Geschäftsmodelle eröffnen.

2.1 EINFACHE HANDHABUNG UND REDUZIERUNG DER KOMPLEXITÄT

Integrierte Sensorfunktionen (Embedded Sensors) in einer Ventilinsel

Die Notwendigkeit zur Integration von Funktionen, verbunden mit der Implementierung geeigneter Anwendungs-Software, ergibt sich, wie bereits diskutiert, aus verschiedenen Anforderungen, vor allem Forderungen nach Minimierung von Kosten sowohl beim Produkt als auch bei der Inbetriebnahme und Instandhaltung. Beim Produkt liegt vielfach der Fokus auf der Reduktion von teuren elektromechanischen Schnittstellen, kleinen Bauformen bei hoher Leistungsdichte und Kabelsteckerverbindungen sowie auf der Vereinfachung des Installations- und Serviceaufwandes.

Als Beispiel im Bereich einer pneumatischen Steuerkette wird eine Ventilinsel vorgestellt, in die eine Druckerfassung bis zehn bar sowie eine Vakuummessung integriert sind. Durch die Funktionsintegration werden einerseits Installationen einfacher, günstiger und leistungsfähiger, andererseits kann der Aufwand an weiterer Sensorik mit Kabel und Steckverbinder, wie zum Beispiel Endlagensensoren bei Pneumatikzylindern, minimiert werden. In Abbildung 13 ist eine Ventilinsel mit einem multifunktionalen Terminal mit Remote I/O (Eingang-Ausgangs-) Funktion, integriertem Steuerungsmodul und integriertem Drucksensormodul dargestellt. Der grundsätzliche Kundennutzen besteht in der Reduzierung der Hardware-Kosten durch Kombination von Sensorik und Remote I/O (Eingangs-Ausgangs-Module), in Zeit- und Kosteneinsparung durch Plug & Work, da das System sofort funktionsfähig ist und keine Verdrahtung an Analogmodulen nötig ist, ferner in der Reduktion des Engineering-Aufwandes durch automatische Skalierung.

Abbildung 13: CPX – Ventilinsel mit integriertem Drucksensormodul

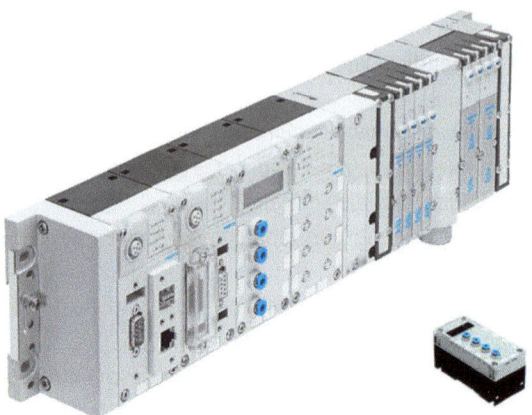

Quelle: Festo AG & Co. KG.

Die im integrierten Steuerungsmodul applizierte Software auf der Basis einer CoDeSys-Architektur als Industriestandard übernimmt die Ventilansteuerung in Abhängigkeit der Eingangssignale der integrierten Drucksensorik. Sie ermöglicht ferner eine Auswertung von Signalen von verschiedenen Messstellen im System, um letztendlich den Betriebszustand zu überwachen. Dies zeigt nachfolgend ein weiteres Anwendungsbeispiel.

2.2 INNOVATIVE PRODUKTENTWICKLUNG FÜHRT ZU NEUEN GESCHÄFTSMODELLEN

Maschinenüberwachung und Diagnose

Eine Studie von Rockwell Automation förderte verblüffende Zahlen zutage: Zwischen 15 und 40 Prozent der indirekten Kosten eines Fertigungsbetriebes leiten sich aus Wartung und Instandhaltung ab. Dabei gilt rund die Hälfte dieser Kosten als vermeidbar, wenn man strategisch orientierte Diagnose- und Condition-Monitoring-Systeme einsetzt.

Softwarebasierte Condition Monitoring- und Diagnose-Funktionen unterstützen veränderte Instandhaltungsstrategien. Im Rahmen herkömmlicher Instandhaltungsstrategien mussten Maschinenausfälle, Folgeschäden und ungeplante Ausfallzeiten in Kauf genommen werden. Die vorbeugende Instandhaltung gestattet eine frühzeitige Fehlererkennung, die Reduzierung von Ausfallzeiten und damit verbundene Kostenvorteile sowie eine erhöhte Effizienz in der Wartung.[7] Eine weitere Voraussetzung für leistungsfähige Condition Monitoring-Systeme ist die Integration intelligenter Sensorik in Komponenten und Systemen.

---

[7] Friedl 2010.

Solche Sensoren sind zum Beispiel integrierbar in elektrischen und pneumatischen Antrieben. Eine Selbstüberwachung und Selbstkalibrierung (zum Beispiel über eine IO-Link-Schnittstelle) bietet eine Plug & Work-Funktion und liefert verarbeitbare Daten. Ein niedriges Datenaufkommen ermöglicht zudem eine drahtlose Kommunikation. Diese Condition Monitoring-Systeme bieten nicht nur eine Messdatenerfassung, sondern sie liefern einen „Diagnosekennwert."[8]

Beispiel aus der Verpackungsindustrie

Maschinenstillstände in der Verpackungsindustrie könnten die hohen Ansprüche an kurze Taktzeiten und Produktivität durchkreuzen. So sind zum Beispiel Schlauchbeutel-Verpackungsmaschinen mit einer Taktrate von 100 Beuteln pro Minute mit einem Diagnosesystem für die Pneumatik ausgestattet.

In der derzeitigen Maschinengeneration überwachen separate Durchflusssensoren und Drucksensoren Abweichungen gegenüber einer Referenz. Zukünftig können durch ventilintegrierte Druck- und Durchflusssensoren die Messdaten und die verfügbaren Ventilsteuerdaten direkt im elektrischen Terminal eingelesen und in einem Diagnose-Controllermodul verarbeitet werden. Zusätzlich kann durch die Integration von Druck- und Durchflusssensorik sowie modellbasierten Ansätzen der Aufwand an weiteren Sensoren minimiert werden. Überwacht werden im oben genannten Anwendungsfall Prozessparameter wie der folienabhängige Anpressdruck und der Riemenverschleiß, ebenso die Kühlluftmenge und der Druck als prozess- und folienabhängige Größen zur Vermeidung von unnötigem Verbrauch von Druckluft.

Beispiel aus der Pharmaindustrie

Was Maschinen und Anlagen bei der diskreten Fertigung recht ist, kann bei der Prozessautomation in der kontinuierlichen Fertigung nur billig sein. Ein durchgängiges Diagnosekonzept reduziert die Costs of Goods in der Biotechnologie und Pharmaindustrie. Daher integrieren schon heute beispielsweise die Multieffekt-Wasserdestillationsanlagen eines finnischen Herstellers zur Erzeugung von Reinstwasser für die Medikamentenherstellung Diagnosesysteme mit der CPX-Ventilinsel mit integrierten Funktionen.

Das modulare Ventilinselkonzept zeigt Fehlerquelle, -ort und Maßnahmen an. Dazu gehören die Fehlererkennung und -lokalisierung als modul- oder kanalorientierte Diagnose der I/Os, die Ventildiagnose pro Kanal, Klartextanzeige vor Ort, Datenaufbereitung und -übertragung über Feldbus sowie eine Ausbaustufe mit integrierter IT-Lösung wie Fernwartung.

---

[8] Friedl 2010.

2.3 ZUNEHMENDER INTEGRATIONSGRAD, ZUNEHMENDE FUNKTIONSDICHTE

Erhöhung von Taktraten und Durchsatz

Die Forderung nach Erhöhung von Taktraten bei Maschinen und Anlagen kann vielfach durch geeignete Zusammenführung und Integration verschiedener Funktionen mit Anwender-Software erfüllt werden. In der Elektronikindustrie kommen in hohem Umfang Handlingsautomaten für den Transport von kleinsten Siliziumchips oder elektronischen Baugruppen zum Einsatz. Das Aufgreifen der kleinen Bauelemente erfolgt durch Vakuumsauger und Vakuumejektoren. Als Schlüsselbaugruppen dieser Automaten werden mehrkanalige Anordnungen von Vakuumejektoren (Vacuum Manifolds) eingesetzt, wie dies in Abbildung 14 dargestellt ist.

Ein kompletter Zyklus besteht aus der Zeit zur Einstellung des Vakuums, der Transportzeit und der Zeit, in der Chip oder die Baugruppe abgestoßen werden. Diese Zykluszeit liegt bei aktuellen Anlagen bei etwa 400 msec, wodurch ein Durchsatz von 5000 Teile/Stunde realisiert ist.

Um zukünftige Anforderungen von Durchsätzen bis zu 50000 Teile/Stunde erfüllen zu können, bedarf es einer systemischen Integration von Vakuumsaugdüsenanordnung, Vakuumejektor, Vakuumsensor und Ventil innerhalb eines Vakuum Manifolds. Eine integrierte, dezentrale CoDeSys-basierte Steuerung mit Anwender-Software übernimmt die komplexe Aufgabe, die Ablage der Chips zum Beispiel in einen Chip Carrier im Rahmen der vorgegebenen Zykluszeiten verlustfrei und mit der geforderten Präzision umzusetzen.

Abbildung 14: Vacuum Manifold für Chip Handling-Einheit

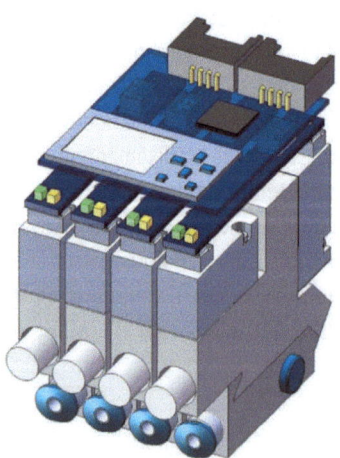

Quelle: Festo AG & Co. KG.

2.4 INTEGRATION VON PRODUKTENTWICKLUNG UND PRODUKTIONSSYSTEMENTWICKLUNG

Mechatronische Systeme, die Natur ist Vorbild

Ein Beispiel für die Einführung und Nutzung neuer Technologien im Bereich innovativer Produktentwicklung ist die Umsetzung der Bionik. Der im Folgenden vorgestellte bionische Handlings-Assistent stellt dabei einen Paradigmenwechsel in der Robotik dar (Abbildungen 15 und 16). Es handelt sich dabei um die technische Nachbildung eines Elefantenrüssels, gekennzeichnet durch eine freie Bewegungsfähigkeit des Arms sowie durch naturähnliche Nachgiebigkeit und Flexibilität.

Der modellbasierte und systemische Ansatz der Entwicklung kommt in mehreren Funktionen zum Ausdruck: Aneinandergesetzte Dreifach-Balgstrukturen und eine bewegliche Handachse führen zu elf gekoppelten Bewegungsmöglichkeiten. Die Auslängung des Handling-Assistenten erfolgt über Luftkammern, die befüllt und entleert werden. Die Bewegung erfolgt über ein geregeltes Beaufschlagen von Druckluft, flexible Strukturelemente aus Kunststoff gewährleisten eine naturähnliche Nachgiebigkeit und Flexibilität, zudem werden durch Leichtbauelemente nur geringe Massen bewegt.

Der systemische Ansatz spiegelt sich in der Kombination verschiedener Funktionen wider. So erfolgt die Portierung der Druck und Positionsregelung auf speicherprogrammierbare Steuerungen, die Ventiltechnik basiert auf robuster und energiesparender Piezotechnik. Die Regelung der einzelnen Ventilscheiben einer Ventilinsel erfolgt mittels einer integrierten Drucksensorik und einer Ansteuerungselektronik. Die Kommunikation basiert auf einem standardisierten CAN-Protokoll, eine Sicherheits-Software sorgt für permanente Überwachung des Versorgungsdruckes und der Detektion von Leckagen. Die Innovation dieses Produktes kommt vor allem in den eingesetzten Herstellungstechnologien zum Ausdruck.

Abbildung 15: Vorbild Elefantenrüssel – ein Hightech-Helfer für Industrie und Haushalt

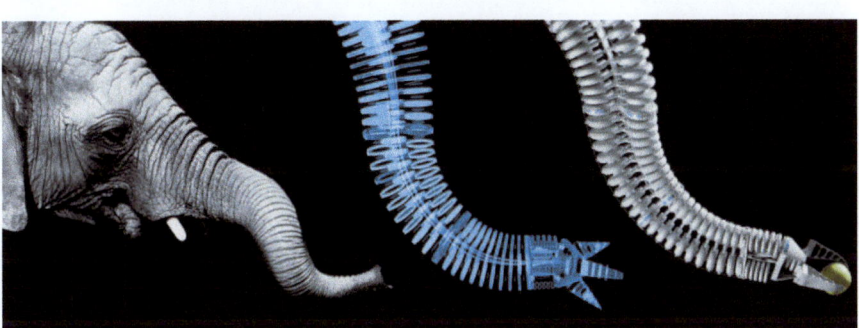

Quelle: Festo AG & Co. KG.

Abbildung 16: Der Bionische Handling-Assistent: Symbiose aus diversen Querschnittstechnologien

Bionik
Lernen aus der Natur
Übertragen in die Technik

Generative Fertigung
Fertigen mit Pulver und Laser
Dreidimensionale Geometrien

Pneumatisch bewegen mit Druckluft
Neue Piezoventil-Technologie

Mechatronik
Nichtlineare Regelungsstrategien
Komplexe Mehrachssteuerung

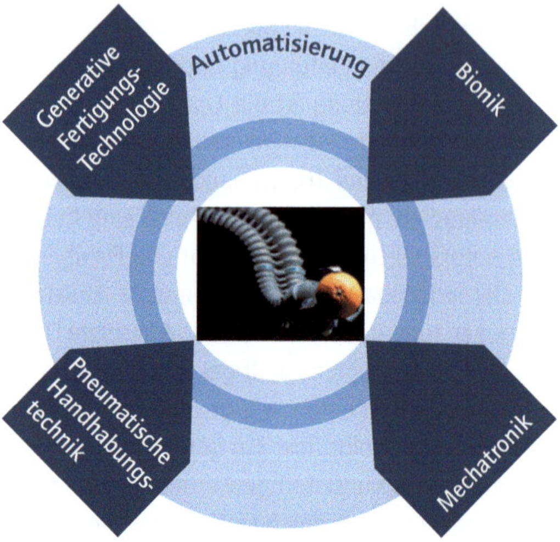

Quelle: Festo AG & Co. KG.

Es handelt sich dabei um die generative Fertigungstechnologie „Bauen aus Pulver". Ein schichtweiser Aufbau durch Polymerpulver wird thermisch aufgeschmolzen und mit Laser verbunden. Das Drucken der komplexen 3D-Geometrien erfolgt direkt aus dem CAD. Damit stellt der bionische Handling-Assistent eine Symbiose aus diversen Querschnittstechnologien dar.

Die Bionik steht für „Lernen aus der Natur" sowie „Übertragen in die Technik". Die generative Fertigung erfolgt mit Pulver und Laserbehandlung, die druckluftbasierte Bewegung erfolgt mittels einer neuen Piezoventiltechnologie, nichtlineare Regelungsstrategien gewährleisten eine komplexe Mehrachssteuerung.

3 VORAUSSETZUNGEN UND HANDLUNGSBEDARFE

Oben angeführte Beispiele an innovativen Produktentwicklungen der Automatisierungstechnik zeigen auf, dass eine wesentliche Bedeutung bei Produkt- und Systementwicklungen dem Entwurf mechatronischer Systeme zukommt. Damit verbunden ist die Entwicklung von geeigneten und besseren Software-Werkzeugen für den mechatronischen Entwurf (Abbildung 17). Aufgrund der Komplexität sowie der Vielschichtigkeit des erforderlichen Wissens hat sich eine durchgängige Rechnerunterstützung bei der Entwicklung mechatronischer Systeme als unabdingbar erwiesen und zunehmend etabliert.

Abbildung 17: Vergleich Klassischer Entwurf – Mechatronischer Entwurf

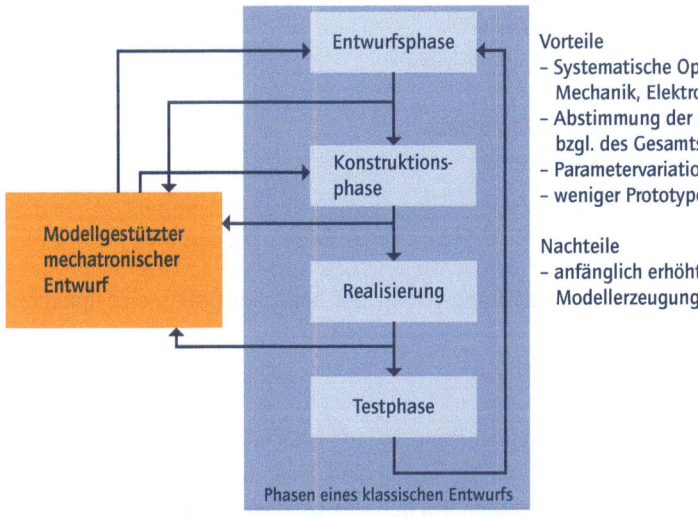

Quelle: Eigene Darstellung.

Wurde vor Jahren jede neue Idee und jeder Entwurfsschritt am Prüfstand oder durch Prototypen verifiziert, wird diese Entwicklungsphase heute mehr und mehr durch rechnergestütztes Experimentieren abgelöst, das heißt der Entwicklungsprozess verlagert sich vom kostspieligen und zeitintensiven Laborversuch zunehmend auf den Rechner. Der Bau von Prototypen erfolgt jetzt erst deutlich später mit abgesicherten Vorstellungen.

Zukünftig müssen Produktentwicklungen simultan mit der Entwicklung und Festlegung von Produktionsprozessen erfolgen. Diese Forderung ist auch Teil der Idee der sogenannten „Digitalen Fabrik". Als IT-Lösungen stehen derzeit leistungsstarke CAD-Systeme und FEM (Finite Elemente Methode) zur Verfügung. Es gibt auch IT-Lösungen für dynamische Vorgänge und Bewegungen, jedoch können die derzeit verfügbaren Werkzeuge für den mechatronischen Entwurf nur schwer ineinander übergeführt werden. Ein wesentlicher Handlungsbedarf besteht in der konsequenten Weiterentwicklung dieser Entwicklungstools mit dem Ziel eines ganzheitlichen Systementwurfes.

Am Beispiel des vorstehend diskutierten bionischen Handling-Assistenten bezieht sich die mechatronische Systemintegration zunächst auf die Festlegung der Eigenschaften des Assistenten. Diese sind

- elf Achsen,
- elastische Leichtbaustruktur,
- komplexe Kinematik,
- Druckluft als Antrieb.

Die physikalische Modellbildung umfasst
- mathematische Beschreibung der Kinematik,
- physikalisches Bewegungsmodell,
- Beschreibung der Druckaufbaudynamik .

Als Konzepte zur Bewegungsführung dienen
- unterlagerte Druckregelkreise,
- überlagerte Achsregler,
- Strategien zur Unterdrückung von Schwingungen.

Die Realisierung der Bewegungsführung erfolgt auf herkömmlicher speicherprogrammierbare Steuerung (SPS).

4 RESÜMEE

In der Automatisierung entstehen zunehmend Bedarfe nach hochwertigen, intelligenten Produkten, und dies nicht mehr nur allein in den klassischen Industrieländern, sondern vielmehr auch in aufstrebenden Ländern. Für den Hersteller von Produkten der Automatisierungstechnik bedeutet dies ein permanentes Beschäftigen mit neuen Konzepten, Technologien und Innovationen. Letzteres betrifft nicht nur die Entwicklung von Produkten und ständige Erweiterung der Leistungsfähigkeit von Produkten, sondern auch die Entwicklung unternehmensinterner Prozesse, Services und Organisationen.

Die Mechatronik ist ein Beispiel dafür, scheinbar überschaubare Disziplinen wie Mechanik und Elektronik zu neuen innovativen Produkten zusammenzuführen. Jedoch zeigen sich bereits hier Schwierigkeiten in der interdisziplinären Kooperation und Kommunikation. Beweis hierfür sind die bisherigen Probleme bei der Implementierung von Software in mechatronische Produkte, die vielfach erst am Ende des Entwicklungsprozesses anstelle eines ganzheitlichen Systementwurfes erfolgte.

Auch die Entwicklung von leistungsfähigen IT-Tools für den modellbasierten Entwurf von mechatronischen Produkten ist bei Weitem noch nicht abgeschlossen. Bei steigender Komplexität müssen nicht nur unternehmensinterne Prozesse im Sinne der Komplexitätsreduzierung verbessert werden, auch die Komplexität in der Handhabung der Produkte muss für den Anwender reduziert werden. Einfache Bedienbarkeit und Sicherheit stehen im Vordergrund. Dies kann durch geeignete Software, durch Funktionsbaukästen, Plattformen und Standards gewährleistet werden.

Verlagerung der Varianz muss von der Hardware hin zur Software erfolgen, ferner müssen Produktentwicklungen simultan mit der Entwicklung und Festlegung von Produktionsprozessen durchgeführt werden. Dies erfolgt im Wesentlichen durch richtige Auslegung und richtige Dimensionierung, also durch modellgestützte Entwurfsverfahren. Teure „Sicherheitspuffer" zur Minimierung von Entwicklungsrisiken, wie sie bisher eingebracht wurden, sind durch entsprechende Simulations- und Entwurfswerkzeuge zu ersetzen.

Ohne diese Methoden sind komplexe multidisziplinäre Entwicklungen (Mechanik, Elektronik, Informatik), zum Beispiel bei voneinander abhängigen Funktionen und gekoppelten Systemen, nicht möglich. Dies erfordert auch Methodenkompetenz. Aus diesen Gründen sind neue Methoden im Produktentstehungsprozess zwingend erforderlich, um die führende Position Deutschlands bei innovativen und intelligenten Produkten behaupten und weiter ausbauen zu können. Die Initiative Smart Engineering ist hierzu der richtige Ansatz.

LITERATUR:

Friedl 2010
Friedl, Anton: „Aktuelle Trends in der Automatisierung". Nürnberg, Siemens AG, 2010

Roland Berger Strategy Consultants 2009
Roland Berger Strategy Consultants: „Global Automation Industry Study 2015". November 2009

> PODIUMSDISKUSSION DES WORKSHOPS SMART ENGINEERING: WIRTSCHAFT UND WISSENSCHAFT EINIG

ULRICH SENDLER

In einer Podiumsdiskussion im Rahmen des Workshops am 3. März 2011 setzten sich die Vertreter von Wissenschaft und Wirtschaft mit der Herausforderung interdisziplinärer Produktentstehung auseinander. Während die Teilnehmer am Workshop zu etwa zwei Dritteln aus der Wissenschaft und zu einem Drittel aus der Industrie kamen, war das Podium sehr ausgewogen und auch disziplinübergreifend zusammengesetzt: Mit Prof. Josef Binder der Firma Festo war ein Hersteller von mechatronischen Komponenten für den Maschinen- und Anlagenbau vertreten; Rudolf Blaim vertrat an Stelle von Dr. Dietmar Trippner als Gastgeber des Workshops BMW als einen der führenden Automobilhersteller; Dr. Helmuth Ludwig sprach für Siemens als Automatisierungsanbieter, aber auch als Anbieter von PLM-Lösungen; Prof. Helmut Krcmar nahm zum Thema aus Sicht der Wirtschaftsinformatik Stellung; Prof. Rainer Stark und Prof. Martin Eigner schließlich bezogen Position als wissenschaftliche Experten der virtuellen Produktentstehung.

Bei einer Befragung der Teilnehmer des Workshops unmittelbar vor der Podiumsdiskussion hatte sich bereits eine große Übereinstimmung bezüglich der durch Wissenschaft und Wirtschaft getrennt vorgenommenen Bewertung der im Basispapier dargelegten elf Arbeitsthesen gezeigt. Beide Gruppen priorisierten die folgenden sechs Thesen:

These 1 Die Überlebensfähigkeit der deutschen Industrie ist nur durch innovative Produkt- und Prozessgestaltung zu erzielen.
These 2 Multidisziplinarität ist eine branchenunabhängige Herausforderung. Innovative Produkte der Zukunft sind multidisziplinär, nachhaltig, einfach zu bedienen und zu warten.
These 6 Die Multidisziplinarität der Produkte verlangt neue Konstruktionsmethoden. Funktionen sollten gegenüber Mechanik und Geometrie in den Vordergrund rücken. Systems Engineering könnte sich als integrative Methode etablieren und eine multidisziplinäre Brücke zwischen den verschiedenen Ingenieurwelten bilden.
These 7 Es werden Methoden, Prozesse und IT-Lösungen benötigt, die die frühe Produktlebenszyklusphase unterstützen. 80 Prozent der Kosten eines Produktes werden bis zum Abschluss der Entwicklung festgelegt (bei zehn Prozent Kostenverursachung).

These 10   Der Mensch muss innovative Methoden, Prozesse und IT-Lösungen verstehen und akzeptieren können (Stichwort: Human Factors). Ohne Akzeptanz der Anwender wird jede Lösung fehlschlagen.

These 11   Alle genannten Thesen müssen in die universitäre und berufliche Aus- und Weiterbildung eingehen. Gebraucht werden mehr ganzheitlich und multidisziplinär ausgebildete Ingenieure. Die technische Aus- und Weiterbildung muss auch Brücken zwischen den Disziplinen schlagen. Die Schranken der verschiedenen Ingenieurfachbereiche müssen fallen.

Lediglich bei den Favoriten unterschieden sich die beiden Gruppen. Während die Wirtschaft These 11 die höchste Bedeutung beimaß, favorisierten die Wissenschaftler eher These 10.

Die Abbildung zeigt die Arbeitsthesen und ihre Bewertung durch die Wissenschaft (W) und durch die Industrie (I). Diese Übereinstimmung in der Bewertung der aktuellen Herausforderung spiegelte sich auch in der Podiumsdiskussion wider.

Für die Industrie ist offenbar klar, dass eine führende Rolle des Standorts Deutschland auf dem Weltmarkt für die Zukunft nur zu behaupten ist, wenn es gelingt, hinsichtlich der Innovation, insbesondere unter Nutzung intelligenter Informationstechnik, führend zu sein. Ein wichtiger Schwachpunkt wurde dabei einerseits in der Abhängigkeit von fachspezifisch ausgerichteten Tools für die Produktentstehung ausgemacht. Aber auch der Schulterschluss zwischen Wissenschaft und Industrie erscheint als verbesserungswürdig. Eine weitere zentrale Rolle spielt für die Industrie die Gestaltung der Ingenieurausbildung und der künftigen Ingenieurtätigkeit. Neben der fachlichen Ausbildung müsse auch die Fähigkeit zur organisatorischen Leitung von multidisziplinären Projekten vermittelt werden.

Aus Sicht der (Wirtschafts-) Informatik fehlt es an einem großen Wurf für eine neue Methodik der interdisziplinären Produktentwicklung. Die Limitierung der disziplinspezifischen Entwicklungsmodelle ist dabei vermutlich nicht durch ein einziges neues Modell zu überwinden. Vielmehr benötigt die Industrie eine föderale Systemarchitektur, in der sich alle beteiligten Fachbereiche wiederfinden und über die sie sich abstimmen und synchronisieren können. Um entsprechende Strukturen, Modelle und Vorgehensweisen zu erforschen, ist auch auf der Ebene der Förderpolitik ein grundsätzliches Umdenken erforderlich. Die Trennung in Förderprojekte der IKT und solche der Produktionstechnik/Produktentstehung muss dafür aufgehoben werden.

In der virtuellen Produktentstehung muss die Veränderung hin zur gewerkeneutralen Systembeschreibung und Systemmodellierung einhergehen mit der Entwicklung neuer Werkzeuge, die die Grenzen der heutigen Einzelwerkzeuge hinter sich lassen. Neben dieser technologischen Herausforderung sehen die Experten virtueller Produktentstehung allerdings ebenfalls großen Bedarf an multidisziplinärer und – wesentlich stärker als heute – an Funktion und Spezifikation ausgerichteter Schulung der Ingenieure. Prozesse, Methoden und neue menschliche Verhaltensweisen müssen entwickelt und bei der Gestaltung und Nutzung digitaler Werkzeuge berücksichtigt werden.

Abbildung 18: Bewertung der Arbeitsthesen durch Wissenschaft (W) und Industrie (I) (Anzahl der Zustimmungen)

NR.	THESE	W	I
1	Die Überlebensfähigkeit der deutschen Industrie ist nur durch innovative Produkt- und Prozessgestaltung zu erzielen.	10	10
2	Multidisziplinarität ist eine branchenunabhängige Herausforderung. Innovative Produkte der Zukunft sind multidisziplinär, nachhaltig, einfach zu bedienen und zu warten.	13	8
3	Neben Mechatronik, Adaptronik und intelligenten Produktsystemen werden wir verstärkt die Einbindung und Ergänzung von Dienstleistungen erleben. Damit ergeben sich auch vollständig neue Geschäftsmodelle.	8	5
4	PEP vor Fabrik! Die Produktentstehung ist entscheidend für den Standort Deutschland.	4	3
5	Simplexity für Produkte und Prozesse. Die vom Markt geforderte Produkt- und Prozesskomplexität muss mit Lösungen beantwortet werden, die die innere Komplexität reduzieren, etwa durch variantengerechte Produktgestaltung oder Verlagerung der Varianz auf Software.	6	5
6	Die Multidisziplinarität der Produkte verlangt neue Konstruktionsmethoden. Funktionen sollten gegenüber Mechanik und Geometrie in den Vordergrund rücken. Systems Engineering könnte sich als integrative Methode etablieren und eine multidisziplinäre Brücke zwischen den verschiedenen Ingenieurwelten bilden.	13	11
7	Es werden Methoden, Prozesse und IT-Lösungen benötigt, die die frühe Produktlebenszyklusphase unterstützen. 80% der Kosten eines Produktes werden bis zum Abschluss der Entwicklung festgelegt (bei 10% Kostenverursachung).	11	8
8	Die „Intelligenz" der IT-Lösungen für die virtuelle Produktentwicklung muss drastisch erhöht werden. Die vorhandenen Lösungen sind nicht multidisziplinär und nicht in der frühen Konzeptphase einsetzbar, geeignete IT-Lösungen für Systems Engineering fehlen.	9	5
9	Integrierte, föderierte und globale Produktentstehungsprozesse benötigen vollständig neue Systemarchitekturen. Durch die Trennung wesentlicher Informationen in eine technische und eine betriebswirtschaftliche Welt entstehen Brüche und Redundanzen.	9	4
10	Der Mensch muss innovative Methoden, Prozesse und IT-Lösungen verstehen und akzeptieren können (Stichwort: Human Factors). Ohne Akzeptanz der Anwender wird jede Lösung fehl schlagen.	16	9
11	Alle genannten Thesen müssen in die universitäre und berufliche Aus- und Weiterbildung eingehen. Gebraucht werden mehr ganzheitlich und multidisziplinär ausgebildete Ingenieure. Die technische Aus- und Weiterbildung muss auch Brücken zwischen den Disziplinen schlagen. Die Schranken der verschiedenen Ingenieurfachbereiche müssen fallen.	14	12

Quelle: Eigene Darstellung.

Die IT-Anbieter entsprechender Werkzeuge haben den Bedarf der Industrie erkannt und suchen nach Wegen, die rein an den operativen Aufgaben orientierte Weiterentwicklung der Tools zu überwinden. Information wird künftig der wichtigste Produkt- und Produktionsfaktor sein und ist es zum Teil heute schon. Um dafür passende Werkzeuge zu entwickeln, sieht auch diese Branche die wesentlich engere Zusammenarbeit von IT-Anbietern, produzierender Industrie, Hochschulinstituten und Forschungseinrichtungen als entscheidend an.

Die Podiumsdiskussion hat die Notwendigkeit einer konzertierten Aktion von Wirtschaft, Wissenschaft und Politik eindrucksvoll und mit großer Einmütigkeit der beteiligten Gruppen bestätigt. Jetzt geht es darum, alle Kräfte zu sammeln, die für eine solche konzertierte Aktion gebraucht werden. Dabei spielt die Kopplung und Integration von Smart Engineering mit bestehenden Initiativen, insbesondere aus dem Bereich der Produktionstechnik, eine wesentliche Rolle.

Die Stoßrichtung der weiteren Schritte ist damit klar und kann in einigen Punkten zusammengefasst werden:

1) Eine Studie muss als bilaterale Aktivität von Wissenschaft und Wirtschaft untersuchen und belegen, welches die größten Probleme sind, die einer multidisziplinären Produktentstehung im Wege stehen.
2) Wissenschaft und Industrie müssen sich stärker vernetzen und eine dauerhafte Kooperation ins Leben rufen, um die Politik für eine konzertierte Aktion im Interesse des Produkt- und Produktionsstandortes Deutschland zu gewinnen.
3) Smart Engineering muss am Anfang einer Produkt- und Produktionssystementwicklung stehen, die auf innovative, intelligente und intelligent vernetzte Systeme der nächsten Generation von Produkten ausgerichtet ist. Smart Engineering ist die Basis einer Smart Factory und könnte sich als Motor einer „vierten industriellen Revolution" erweisen, wie sie von der soeben startenden Initiative Industrie 4.0 zum Ziel erklärt wird.

> AUSBLICK

Smart Engineering wird die Zukunft der Produktentwicklung gerade durch die zunehmende Integration eingebetteter Systeme in neue Produkte nachhaltig beeinflussen. Miteinander kommunizierende Produkte und daraus entstehende vernetzte Systeme werden neue Innovationspotenziale eröffnen. Diese zu erschließen wird entscheidend zur Stärkung der Wettbewerbsfähigkeit beitragen, fordert aber auch gleichzeitig mehr Disziplinen übergreifendes Verständnis in einer multidisziplinären Produktentwicklung.

Obgleich Smart Engineering als zukunftsträchtige Ausrichtung der Entwicklung von Produkten und Produktionseinrichtungen angesehen wird, so dürfen weitere Erwartungen nicht übersehen werden. Dazu zählen insbesondere

- **Wirtschaftliche und technische Wettbewerbsfähigkeit**
  Produkte müssen sich auf den Märkten bewähren und deshalb spielt die Qualität des Produktes eine entscheidende Rolle für seinen Markterfolg. Darüber hinaus müssen Produkte attraktiv sein und ein überzeugendes Preis-/Leistungsverhältnis bieten.
- **Umweltverträglichkeit und Schonung von Ressourcen**
  Das Umweltbewusstsein prägt sich in der Gesellschaft immer mehr aus. Vor diesem Hintergrund spielen ökologische Effizienz und Effektivität eine immer wichtiger werdende Rolle. Umweltverträglichkeit und Ressourcenschonung haben viele Facetten. Sie spiegeln sich in der Optimierung der Ökobilanz wider und reichen von der Verwendung geeigneter Werkstoffe über die Reduzierung von Emissionen bis hin zur Wiederverwendung von Bauteilen und Materialien.
- **Energieeffizienz**
  Energieeffizienz ist zu einem der wichtigsten Themen in der Produktentwicklung geworden und muss als ständige Herausforderung in der Produktentwicklung beachtet werden. Niedriger Energieverbrauch, aber auch die Nutzung unterschiedlicher Energieformen sind als Zielgrößen der Produktentwicklung zu beachten.
- **Gesellschaftliche Akzeptanz**
  Die gesellschaftliche Akzeptanz ist eine der wichtigsten Einflussgrößen, auf die bei der Produktentwicklung geachtet werden muss. Gerade deshalb ist es auch so wichtig, den Dialog zwischen Wissenschaft, Wirtschaft und Gesellschaft zu führen, um frühzeitig Konfliktpotenziale zu erkennen und Maßnahmen zu ergreifen, die gesellschaftliche Akzeptanz zu erreichen.

Der Dialog zwischen Wissenschaft, Wirtschaft und Gesellschaft, aber auch der Politik ist eine der herausragenden Aufgaben, die sich die Deutsche Akademie der Technikwissenschaften (acatech) gestellt hat. Wenngleich Smart Engineering ein eher spezielles Thema beschreibt, so sind seine Auswirkungen jedoch erheblich und werden signifikant die Produktentwicklung, die Attraktivität der zukünftigen Produkte und schließlich die Wettbewerbsfähigkeit der Unternehmen beeinflussen.

> ÜBER DIE AUTOREN UND HERAUSGEBER

Prof. Dr.-Ing. Dr. h.c. **Albert Albers**, Jahrgang 1957, ist seit 1996 Ordinarius und Leiter des IPEK - Institut für Produktentwicklung am Karlsruher Institut für Technologie (KIT). Er promovierte 1987 am Institut für Maschinenelemente, Konstruktionstechnik und Sicherheitstechnik der Universität Hannover. Vor seinem Ruf nach Karlsruhe war Prof. Albers tätig bei der LuK GmbH & Co. OHG, zuletzt als Entwicklungsleiter sowie stellvertretendes Mitglied der Geschäftsleitung. Prof. Albers forscht mit seinem Team auf den Gebieten Modellierung von Produktentwicklungsprozessen, Methoden zur Unterstützung der Produktentwicklung (Computer Aided Engineering, Innovations- und Wissensmanagement) sowie Antriebssystemtechnik im Maschinen- und Fahrzeugbau. Er ist Mitglied dreier Sonderforschungsbereiche der Deutschen Forschungsgemeinschaft (DFG), davon einem als Sprecher vorstehend. Prof. Albers ist Mitglied von acatech – Deutsche Akademie der Technikwissenschaften, Mitglied und Vorstandsvorsitzender der wissenschaftlichen Gesellschaft für Produktentwicklung WiGeP. Seit 2008 ist er Präsident des Allgemeinen Fakultätentages (AFT) von Deutschland. Darüber hinaus engagiert er sich im Verein Deutscher Ingenieure (VDI) und ist in Beiräten mehrerer Unternehmen tätig.

Prof. Dr.-Ing. **Reiner Anderl**, Jahrgang 1955, wurde 1984 an der Universität (TH) Karlsruhe promoviert, war in der mittelständigen Industrie (Anlagenbau) tätig und habilitierte sich an der Universität Karlsruhe 1991. Seit 1993 ist er Professor für Datenverarbeitung in der Konstruktion (DiK) im Fachbereich Maschinenbau der Technischen Universität Darmstadt. Von 1999-2001 war er Dekan des Fachbereichs Maschinenbau und von 2001-2003 Prodekan. Von 2001 bis Ende 2004 war er Sprecher des Sonderforschungsbereichs 392 „Entwicklung umweltgerechter Produkte". Im Mai 2005 wurde er zum Adjunct Professor der Universität Virginia Tech (USA) ernannt und im Oktober 2006 erhielt er eine Gastprofessur an der Universidade Metodista (UNIMEP) de Piracicaba (Brasilien). Von Januar 2005 bis Dezember 2010 war er Vizepräsident der Technischen Universität Darmstadt. Seit November 2006 ist er Mitglied der Akademie der Wissenschaften und der Literatur in Mainz, zu deren Vizepräsident er von der mathematisch-naturwissenschaftlichen Klasse 2011 gewählt wurde. Seit 2009 ist er Mitglied von acatech – Deutsche Akademie der Technikwissenschaften und seit 2012 Sprecher des Themennetzwerkes Produktentwicklung und Produktion.

Prof. Dr. **Josef Binder** promovierte in Physik an der Technischen Universität München und ist seit 1992 Professor an der Universität Bremen. Zwischen 1992 und 2001 war er Leiter des Institutes für Mikrosystemtechnik (IMSAS) an der Uni Bremen, seine Forschungsschwerpunkte waren Technologien der Mikrosystemtechnik, Simulation von Mikrosystemen und embedded Sensorik. Sein beruflicher Werdegang begann 1979 bei der Siemens AG in München, Bereich Bauelemente, als Gruppenleiter für Halbleitersensoren. Es erfolgte ein firmeninterner Wechsel zur Siemens Automobiltechnik, in den Jahren 1988 bis 1992 war Prof. Binder Technischer Direktor für Automobilsensorik der Siemens AG in Nürnberg bzw. Toulouse, Frankreich. Nach neunjähriger Tätigkeit an der Uni Bremen wechselte Prof. Binder zum Automatisierungstechnik Unternehmen Festo AG & Co KG in Esslingen und war zunächst zwischen 2001 und 2004 bei der Festo Corp. In den USA als Vice President Engineering tätig. Von 2004 bis 2011 war Prof. Binder Leiter des Product Centers „Electronic Systems" der Festo AG & Co KG in Esslingen. Ab Mitte 2011 ist Prof. Binder wieder als ordentlicher Professor an der Universität Bremen im Institut für elektrische Antriebe, Leistungselektronik und Bauelemente tätig.

Prof. Dr.-Ing. **Martin Eigner** promovierte 1980 an der Universität Karlsruhe (TU) auf dem Gebiet CAD. Danach war er Leiter der Technischen Datenverarbeitung und Organisation in einem Geschäftsbereich der Robert Bosch GmbH. 1985 gründetet er die EIGNER + PARTNER GmbH, die er als geschäftsführender Gesellschafter und nach Umwandlung in eine Aktiengesellschaft als Vorstandsvorsitzender leitete. Seit 1.10.2004 leitet Prof. Dr.-Ing. Eigner den Lehrstuhl für Virtuelle Produktentwicklung an der Technischen Universität Kaiserslautern. Prof. Dr.-Ing. Martin Eigner war neben seinen unternehmerischen Tätigkeiten seit 1984 als Gastdozent in der universitären Lehre tätig. Ergänzend zu seiner beruflichen und wissenschaftlichen Tätigkeit engagiert sich Prof. Dr.-Ing. Eigner ehrenamtlich in den Gremien diverser Branchen- und Fachverbände. 1985 wurde Prof. Dr.-Ing. Eigner mit dem VDI-Ehrenring ausgezeichnet. Im Jahr 1994 wurde er zum Honorarprofessor des Landes Baden-Württemberg berufen, 1999 wurde ihm eine Ehrenprofessur der Universität Karlsruhe verliehen. 2009 wurde er von der Zeitschrift UNICUM und der KPMG als Professor des Jahres geehrt. Prof. Dr.-Ing. Eigner ist Autor und Mitautor von elf Fachbüchern und einer Vielzahl von Fachbeiträgen im Bereich virtueller Produktentwicklung und multidisziplinärer Prozessgestaltung.

Prof. Dr.-Ing. **Jürgen Gausemeier** ist Professor für Produktentstehung am Heinz Nixdorf Institut der Universität Paderborn. Er promovierte am Institut für Werkzeugmaschinen und Fertigungstechnik der TU Berlin bei Prof. Spur. In seiner zwölfjährigen Industrietätigkeit war Dr. Gausemeier Entwicklungschef für CAD/CAM-Systeme und zuletzt Leiter des Geschäftsbereiches Prozessleitsysteme bei einem namhaften Schweizer Unternehmen. Über die Universitätsgrenzen hinaus engagiert er sich u.a. als Mitglied des Vorstands und

Geschäftsführer der Wissenschaftlichen Gesellschaft für Produktentwicklung (WiGeP). Ferner ist er Initiator und Aufsichtsratsvorsitzender des Beratungsunternehmens UNITY AG. Herr Gausemeier ist Mitglied des Präsidiums von acatech – Deutsche Akademie der Technikwissenschaften. 2009 wurde er in den Wissenschaftsrat berufen.

Dr.-Ing. **Peter Post** leitet die Abteilung Forschung und Programmstrategie bei dem Automatisierungsspezialisten Festo AG & Co. KG. Nach dem Studium mit der Fachrichtung „Allgemeiner Maschinenbau" und der Promotion an der Universität Siegen (Institut für Mechanik und Regelungstechnik) ging Dr. Post zur Festo AG & Co. KG. Seit 2004 ist er dort verantwortlich für Anwendungsforschung und Vorentwicklung in der Automatisierungstechnik mit Pneumatik und elektrischen Antriebssystemen. Schwerpunkte der Arbeiten sind Mechatronik, Zukunftstechnologien, Simulationstechniken in der Produktentwicklung und Patentwesen. Seit 2008 ist Dr. Post als Leiter Research and Programme Strategy zusätzlich verantwortlich für das weltweite ganzheitliche Innovationsmanagement. Dr. Post engagiert sich in verschiedenen Arbeitskreisen im Bereich der Industrieforschung, u.a. dem Forschungsfond des VDMA Fachverbands Fluidtechnik (Vorsitzender), dem VDMA Ausschuss Forschung und Innovation, der Technologieplattform Manufuture und weiteren. Zudem ist Dr. Post stellvertr. Aufsichtsratsvorsitzender der Hahn Schickard Gesellschaft in Stuttgart. Im Jahr 2010 wurde Dr. Post gemeinsam mit seinem Forschungsteam mit dem Deutschen Zukunftspreis des Bundespräsidenten für Technik und Innovation für die Entwicklung eines biomechatronischen Assistenzsystems, den sog. Bionischen Handling-Assistenten, ausgezeichnet.

Ulrich Sendler, geboren 1951, erhielt sein Abitur am humanistischen Ernst Moritz Arndt Gymnasium in Krefeld. Die Ausbildung zum Werkzeugmacher bei Audi Neckarsulm und zum NC-Programmierer bei Werkzeugbau Drauz in Heilbronn folgten vor dem Studium der Feinwerktechnik an der FH Heilbronn, das er 1985 mit dem Diplom abschloss. Anschließend war er in der CAD-Systementwicklung bei Kolbenschmidt in Neckarsulm, danach als Redakteur beim CAD-CAM Report, Heidelberg, tätig. Seit 1989 ist er unabhängiger Journalist, Buchautor und Technologie-Analyst im Umfeld virtueller Produktentwicklung und Produkt-Lebenszyklus-Management (PLM). 2009 erschien beim Springer Verlag, Heidelberg, Berlin das von ihm herausgegebene PLM Kompendium.

Prof. Dr.-Ing. **Rainer Stark**, Jahrgang 1964, studierte Maschinenbau an der Ruhr-Universität Bochum sowie der Texas A&M University (USA). Von 1989 bis 1994 war er als Wissenschaftlicher Mitarbeiter am Lehrstuhl für Konstruktionstechnik/CAD der Universität des Saarlandes beschäftigt. Mit der Erlangung des Grades Dr.-Ing. wechselte er zu den Ford- Werken als Entwicklungsingenieur und Projektleiter in der Karosseriesystementwicklung. Ab 1997 wurde er zum Technischen Leiter und ab 2002 zum

Technischen Manager der „Virtuellen Produktentstehung und Methoden" der Ford Motor Company Europa ernannt. Seit 2008 ist Prof. Stark Leiter des Fachgebietes Industrielle Informationstechnik der Technischen Universität Berlin und Direktor des Geschäftsfeldes Virtuelle Produktentstehung des Fraunhofer-Instituts für Produktionsanlagen und Konstruktionstechnik (IPK). Forschungsschwerpunkte sind die intuitive und kontextbezogene Informationsmodellierung, intuitiv bedienbare und funktional erlebbare virtuelle Prototypen, die funktionsorientierte virtuelle Produktentstehung sowie Entwicklungsprozesse und Methodiken für die Produktgestaltung. Prof. Stark ist Mitglied der WiGeP (Wissenschaftliche Gesellschaft für Produktentwicklung), der Design Society und der CIRP (International Academy for Production Engineering). Außerdem ist er ein aktives Mitglied des VDI (Verein Deutscher Ingenieure) Fachbereich Produktentwicklung und Mechatronik.

BISHER SIND IN DER REIHE acatech DISKUSSION UND IHRER VORGÄNGERIN acatech DISKUTIERT FOLGENDE BÄNDE ERSCHIENEN:

Horst Hippler (Hrsg.): Ingenieurpromotion – Stärken und Qualitätssicherung. Beiträge eines gemeinsamen Symposiums von acatech, TU9, ARGE TU/TH und 4ING (acatech DISKUSSION), Heidelberg u.a.: Springer Verlag 2011.

Alfred Pühler/Bernd Müller-Röber/Marc-Denis Weitze (Hrsg.): Synthetische Biologie – Die Geburt einer neuen Technikwissenschaft, (acatech DISKUSSION), Heidelberg u.a.: Springer Verlag 2011.

Lutz Heuser/Wolfgang Wahlster (Hrsg.): Internet der Dienste (acatech diskutiert), Heidelberg u.a.: Springer Verlag 2011.

Ruth Federspiel/Samia Salem: Der Weg zur Deutschen Akademie der Technikwissenschaften. Berlin, Heidelberg: Springer-Verlag, 2011.

Jürgen Gausemeier/Hans-Peter Wiendahl (Hrsg.): Wertschöpfung und Beschäftigung in Deutschland (acatech diskutiert), Heidelberg u.a.: Springer Verlag 2011.

Karsten Lemmer et al.: Handlungsfeld Mobilität (acatech diskutiert), Heidelberg u.a.: Springer Verlag 2011.

Reinhard F. Hüttl/Bernd Pischetsriede /Dieter Spath (Hrsg.): Elektromobilität. Potenziale und wissenschaftlich-technische Herausforderungen (acatech diskutiert), Heidelberg u.a.: Springer Verlag 2010.

Manfred Broy (Hrsg.): Cyber-Physical-Systems. Innovation durch softwareintensive eingebettete Systeme (acatech diskutiert), Heidelberg u.a.: Springer Verlag 2010.

Klaus Kornwachs (Hrsg.): Technologisches Wissen. Entstehung, Methoden, Strukturen (acatech diskutiert), Heidelberg u.a.: Springer Verlag 2010.

Martina Ziefle/Eva-Maria Jakobs: Wege zur Technikfaszination. Sozialisationsverläufe und Interventionszeitpunkte (acatech diskutiert), Heidelberg u.a.: Springer Verlag 2009.

Petra Winzer/Eckehard Schnieder/Friedrich-Wilhelm Bach (Hrsg.): Sicherheitsforschung – Chancen und Perspektiven (acatech diskutiert), Heidelberg u.a.: Springer Verlag 2009.

Thomas Schmitz-Rode (Hrsg.): Runder Tisch Medizintechnik. Wege zur beschleunigten Zulassung und Erstattung innovativer Medizinprodukte (acatech diskutiert), Heidelberg u.a.: Springer Verlag 2009.

Otthein Herzog/Thomas Schildhauer (Hrsg.): Intelligente Objekte. Technische Gestaltung – wirtschaftliche Verwertung - gesellschaftliche Wirkung (acatech diskutiert), Heidelberg u.a.: Springer Verlag 2009.

Thomas Bley (Hrsg.): Biotechnologische Energieumwandlung: Gegenwärtige Situation, Chancen und künftiger Forschungsbedarf (acatech diskutiert), Heidelberg u.a.: Springer Verlag 2009.

Joachim Milberg (Hrsg.): Förderung des Nachwuchses in Technik und Naturwissenschaft. Beiträge zu den zentralen Handlungsfeldern (acatech diskutiert), Heidelberg u.a.: Springer Verlag 2009.

Norbert Gronau/Walter Eversheim (Hrsg.): Umgang mit Wissen im interkulturellen Vergleich. Beiträge aus Forschung und Unternehmenspraxis (acatech diskutiert), Stuttgart: Fraunhofer IRB Verlag 2008.

Martin Grötschel/Klaus Lucas/Volker Mehrmann (Hrsg.): Produktionsfaktor Mathematik. Wie Mathematik Technik und Wirtschaft bewegt, Heidelberg u.a.: Springer Verlag 2008.

Thomas Schmitz-Rode (Hrsg.): Hot Topics der Medizintechnik. acatech Empfehlungen in der Diskussion (acatech diskutiert), Stuttgart: Fraunhofer IRB Verlag 2008.

Hartwig Höcker (Hrsg.): Werkstoffe als Motor für Innovationen (acatech diskutiert), Stuttgart: Fraunhofer IRB Verlag 2008.

Friedemann Mattern (Hrsg.): Wie arbeiten die Suchmaschinen von morgen? Informationstechnische, politische und ökonomische Perspektiven (acatech diskutiert), Stuttgart: Fraunhofer IRB Verlag 2008.

Klaus Kornwachs (Hrsg.): Bedingungen und Triebkräfte technologischer Innovationen (acatech diskutiert), Stuttgart: Fraunhofer IRB Verlag 2007.

Hans Kurt Tönshoff/Jürgen Gausemeier (Hrsg.): Migration von Wertschöpfung. Zur Zukunft von Produktion und Entwicklung in Deutschland (acatech diskutiert), Stuttgart: Fraunhofer IRB Verlag 2007.

Andreas Pfingsten/Franz Rammig (Hrsg.): Informatik bewegt! Informationstechnik in Verkehr und Logistik (acatech diskutiert), Stuttgart: Fraunhofer IRB Verlag 2007.

Bernd Hillemeier (Hrsg.): Die Zukunft der Energieversorgung in Deutschland. Herausforderungen und Perspektiven für eine neue deutsche Energiepolitik (acatech diskutiert), Stuttgart: Fraunhofer IRB Verlag 2006.

Günter Spur (Hrsg.): Wachstum durch technologische Innovationen. Beiträge aus Wissenschaft und Wirtschaft (acatech diskutiert), Stuttgart: Fraunhofer IRB Verlag 2006.

Günter Spur (Hrsg.): Auf dem Weg in die Gesundheitsgesellschaft. Ansätze für innovative Gesundheitstechnologien (acatech diskutiert), Stuttgart: Fraunhofer IRB Verlag 2005.

Günter Pritschow (Hrsg.): Projektarbeiten in der Ingenieurausbildung. Sammlung beispielgebender Projektarbeiten an Technischen Universitäten in Deutschland (acatech diskutiert), Stuttgart: Fraunhofer IRB Verlag 2005.

acatech (Hrsg.): Computer in der Alltagswelt – Chancen für Deutschland? (Tagungsband), München 2005.

acatech (Hrsg.): Wachstum durch innovative Gesundheitstechnologien (Tagungsband), München 2005.

acatech (Hrsg.): Innovationsfähigkeit. „Bildung, Forschung, Innovation: Wie können wir besser werden? (Tagungsband), München 2004.

acatech (Hrsg.): Nachhaltiges Wachstum durch Innovation (Tagungsband), München 2003.

> acatech – DEUTSCHE AKADEMIE DER TECHNIKWISSENSCHAFTEN

acatech vertritt die Interessen der deutschen Technikwissenschaften im In- und Ausland in selbstbestimmter, unabhängiger und gemeinwohlorientierter Weise. Als Arbeitsakademie berät acatech Politik und Gesellschaft in technikwissenschaftlichen und technologiepolitischen Zukunftsfragen. Darüber hinaus hat es sich acatech zum Ziel gesetzt, den Wissenstransfer zwischen Wissenschaft und Wirtschaft zu erleichtern und den technikwissenschaftlichen Nachwuchs zu fördern. Zu den Mitgliedern der Akademie zählen herausragende Wissenschaftler aus Hochschulen, Forschungseinrichtungen und Unternehmen. acatech finanziert sich durch eine institutionelle Förderung von Bund und Ländern sowie durch Spenden und projektbezogene Drittmittel. Um die Akzeptanz des technischen Fortschritts in Deutschland zu fördern und das Potenzial zukunftsweisender Technologien für Wirtschaft und Gesellschaft deutlich zu machen, veranstaltet acatech Symposien, Foren, Podiumsdiskussionen und Workshops. Mit Studien, Empfehlungen und Stellungnahmen wendet sich acatech an die Öffentlichkeit. acatech besteht aus drei Organen: Die Mitglieder der Akademie sind in der Mitgliederversammlung organisiert; ein Senat mit namhaften Persönlichkeiten aus Industrie, Wissenschaft und Politik berät acatech in Fragen der strategischen Ausrichtung und sorgt für den Austausch mit der Wirtschaft und anderen Wissenschaftsorganisationen in Deutschland; das Präsidium, das von den Akademiemitgliedern und vom Senat bestimmt wird, lenkt die Arbeit. Die Geschäftsstelle von acatech befindet sich in München; zudem ist acatech mit einem Hauptstadtbüro in Berlin und einem Büro in Brüssel vertreten.

Weitere Informationen unter www.acatech.de

DIE REIHE acatech DISKUSSION

Diese Reihe dokumentiert Symposien, Workshops und weitere Veranstaltungen der Deutschen Akademie der Technikwissenschaften. Die Bände dieser Reihe liegen in der inhaltlichen Verantwortung der jeweiligen Herausgeber und Autoren.

MIX
Papier aus verantwortungsvollen Quellen
Paper from responsible sources
FSC® C105338

If you have any concerns about our products,
you can contact us on
ProductSafety@springernature.com

In case Publisher is established outside the EU,
the EU authorized representative is:
**Springer Nature Customer Service Center GmbH
Europaplatz 3, 69115 Heidelberg, Germany**

Printed by Libri Plureos GmbH
in Hamburg, Germany